DE L'INDUSTRIE

FRANÇOISE.

TOME II.

DE L'IMPRIMERIE DE CRAPELET.

DE L'INDUSTRIE

FRANÇOISE,

Par M. le Comte CHAPTAL,

Ancien Ministre de l'Intérieur, Membre de l'Académie royale des Sciences de l'Institut, Grand-Officier de la Légion-d'Honneur, Chevalier de l'Ordre royal de Saint-Michel, etc. etc. etc.

TOME SECOND.

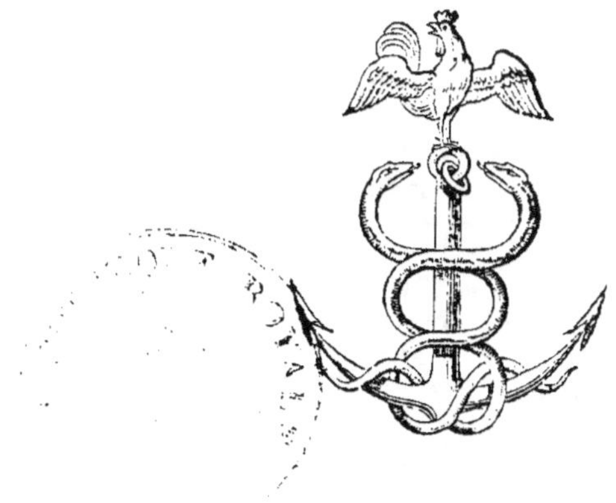

A PARIS,

CHEZ ANTOINE-AUGUSTIN RENOUARD,
RUE SAINT-ANDRÉ-DES-ARCS, N.º 55.

M DCCC XIX.

DE L'INDUSTRIE FRANÇOISE.

TROISIÈME PARTIE.

DE L'INDUSTRIE MANUFACTURIÈRE.

CHAPITRE PREMIER.

Des Progrès de l'Industrie manufacturière,
depuis trente ans.

L'INDUSTRIE manufacturière n'a pas fait
moins de progrès que l'agriculture : je crois
même qu'en comparant ces deux branches
de la prospérité publique, l'avantage reste-
roit à la première : on peut facilement assi-
gner les causes de cette différence.

Les règlemens de fabrication avoient retenu notre industrie captive pendant plus
d'un siècle ; elle étoit restée stationnaire,
tandis que celle de nos voisins, dégagée de

toute entrave, marchoit à grands pas vers la perfection. Du moment que la liberté a été rendue à notre industrie, elle n'a eu qu'à imiter pour se placer au niveau de celle qui l'avoit devancée.

Les progrès étonnans de la chimie moderne, qui ne datent que du milieu du dernier siècle, ont pu diriger l'industrie dans toutes ses applications, et créer des arts inconnus jusqu'alors.

Il y a encore cette différence entre l'industrie manufacturière et l'agriculture, c'est que la première s'exerce principalement dans les villes où les connoissances sont plus répandues, l'émulation plus active, les ressources plus grandes, les encouragemens plus nombreux, et les communications plus faciles ; tandis que l'agriculteur vit isolé dans les champs, où il n'est entouré que de gens qui pratiquent ce qu'ils ont vu pratiquer ; esclave des méthodes que ses pères lui ont transmises, il ne se doute même pas qu'on puisse les améliorer, et il ne se détermine à opérer des changemens que lorsque des hasards heureux amènent près de lui des hommes éclairés qui lui donnent l'exemple d'une culture plus avantageuse.

Sans doute, les progrès de l'agriculture doivent être plus lents que ceux de l'industrie manufacturière, mais la marche en est plus assurée, et les succès plus durables : chaque pas qu'elle fait vers les améliorations se grave en caractères indélébiles ; l'agriculture ne craint ni les caprices de la mode, ni le goût changeant du consommateur.

Toutes les opérations qui constituent l'industrie manufacturière sont *mécaniques* ou *chimiques* ; leur état de perfection tient donc essentiellement à celui de ces deux sciences, et leur amélioration ne peut avoir lieu que par elles.

Presque toujours le concours de la mécanique et de la chimie est nécessaire pour obtenir un produit dans les arts, mais il en est où l'une de ces sciences est tellement prédominante, que toutes les opérations ne sont que l'application de ses principes ; c'est ce qui a fait ranger les arts en deux classes : on les distingue en arts *chimiques* et en arts *mécaniques*. J'adopterai cette division pour faire connoître les progrès et l'état actuel de l'application de ces sciences à l'industrie.

ARTICLE PREMIER.

Des Progrès des Arts mécaniques appliqués à l'Industrie, depuis trente ans.

La filature du coton par mécanique n'étoit presque pas pratiquée en France il y a trente ans ; celle de la laine, du lin et du chanvre, par les mêmes moyens, y étoit encore inconnue : la plupart des cotons employés dans nos fabriques étoient filés au rouet ou à la main dans les campagnes, surtout dans les montagnes où la main d'œuvre est à plus bas prix : une grande partie des fils étoit importée de Suisse, d'Angleterre et des Échelles du Levant.

Depuis cette époque, des établissemens immenses se sont formés de toutes parts ; les mécaniques les plus parfaites ont été importées d'Angleterre et perfectionnées par nos artistes : la filature du coton par mécaniques est devenue, en peu d'années, une de nos branches d'industrie les plus importantes ; et à l'exception d'une petite quantité de fil très-fin qui s'introduit en fraude pour alimenter nos belles fabriques de mousseline de Tarare et de Saint-Quentin, nos établissemens fournissent à tous les besoins.

Plusieurs fabriques de filature se bornent à convertir le coton en fil pour le vendre aux fabricans de tissus; d'autres mettent en œuvre le produit de leur filature, et en forment des toiles; plusieurs filent le coton, tissent les toiles et les impriment.

La filature du coton et la fabrication des tissus par mécanique, que l'Europe s'est appropriées, a fait changer de nature au commerce de l'Inde d'où l'on importoit toutes ces toiles; une grande partie des bras employés jusque-là à la filature et au tissage s'y est trouvée de suite sans travail, et c'est pour leur donner une nouvelle occupation, que le gouvernement anglois s'est hâté d'y encourager la culture de la canne à sucre et d'autres objets que fournissoit abondamment l'Amérique. La suppression de la traite des Noirs, que commandoient d'ailleurs puissamment les principes sacrés de l'humanité, facilitera beaucoup les moyens de propager et de faire prospérer cette industrie dans l'Inde.

L'état actuel de nos filatures par les mécaniques dites *mull-jennys* et *continues*, nous permet de fournir par an à la fabrication des tissus ou de la bonneterie plus de 25 millions de livres de fil de coton, indépendamment de ce qui se file encore au rouet ou à la main dans les montagnes : la filature est aussi parfaite qu'on peut le désirer ; et si jusqu'ici on a paru négliger de filer les *numéros les plus fins*, c'est qu'on a préféré ceux dont le débit et la consommation étoient plus assurés et plus étendus.

Dans les temps de guerre qui viennent de s'écouler, nos approvisionnemens en coton avoient été rendus difficiles, et les assortimens presque impossibles ; nos filatures étoient réduites à n'employer que les cotons du Levant qui nous arrivoient par terre, et ceux de Naples, ou de Motrillos en Espagne.

Le coton du Levant qui est gros et court se prête difficilement à former des fils d'une grande finesse ; il a fallu cependant l'approprier à nos besoins : et les difficultés qui étoient à vaincre pour en obtenir des fils propres à la fabrication de nos tissus, n'ont pas peu contribué à perfectionner la filature.

Les cotons de Naples, surtout ceux des environs de *Castellamare*, et les cotons d'Espagne, dit *Motrillos*, sont plus fins, et pré-

sentoient moins de difficultés à la filature
que ceux du Levant ; mais les quantités
qu'on pouvoit en extraire ne s'élevoient pas
à plus de 3 à 4 millions de livres, et ne
pouvoient pas fournir à tous nos besoins.

D'un autre côté, le gouvernement, qui souvent n'étoit guidé que par de purs intérêts de
fiscalité, avoit grevé l'entrée des cotons d'un
droit supérieur à celui de l'achat primitif, ce
qui encourageoit la contrebande et fermoit
les débouchés aux produits fabriqués : le
commerce des cotons du Levant avoit pris
sa direction par Vienne et le Rhin ; on voulut
qu'il s'en frayât une par Trieste, et on ferma
la porte au coton qui arrivoit par le nord.

Toutes ces contrariétés réunies eussent
dû étouffer cette industrie, et l'on ne peut
qu'être frappé d'étonnement, lorsqu'au milieu de tous ces obstacles multipliés, on la
voit s'établir, s'étendre et se perfectionner ;
il faut convenir que ce n'est pas là un des
moindres prodiges de notre industrie dans
ces derniers temps ; et cette victoire honore
autant le caractère françois que celles qui
ont illustré nos armées ; elle le venge de
cette réputation de légèreté dont on a essayé de le noircir à diverses époques ; il

seroit difficile de trouver une nation qui , dans des circonstances aussi pénibles , ait montré plus de constance et plus de zèle pour l'intérêt public.

La filature du coton a commencé par employer les machines les plus parfaites qui fussent connues en Europe ; on a importé successivement tous les perfectionnemens qu'on leur donnoit ailleurs ; et nos artistes n'ont pas tardé à y apporter des améliorations notables.

Pouchet, de Rouen, a construit un filoir continu à double rang de broches de chaque côté , étagées et distribuées de manière à occuper moins de place que dans les *continues* ordinaires.

Calla, de Paris, a placé les broches de manière que la transmission du tors se fait à chaque révolution jusqu'aux cylindres de tirage, sans être interrompue par la pression du fil contre le fond du guide, ce qui prévient la rupture du fil et facilite la filature du fin.

De Lafontaine a trouvé une nouvelle méthode d'enter les cylindres de tirage qui donne le moyen de remplacer les collets sans changer les cylindres, et de soustraire la bobine à l'action de la broche pour en régler plus facilement la résistance suivant la finesse du fil.

Albert fabrique des cardes *brissoires* et *finissoires* mues par engrainage sans cordes ni poulies ; des vis sont employées d'une manière heureuse pour régler les chapeaux : le même artiste a construit des laminoirs à quatre systèmes mus par engrainage dans toutes les parties, et qui ne sont pas sujets aux irrégularités des moteurs à poulies et à corde ; il a encore enrichi cet art d'une boudinerie à quatre lanternes qui produit une grande épargne de main d'œuvre dans cette préparation pour la filature.

Welther a trouvé un procédé très-ingénieux pour détruire les brins ou barbes qui sont disséminés sur la surface du fil, ce qui le rend plus net et plus propre à tous les usages.

Le terme moyen des importations en cotonnade pendant les années 1787, 1788 et 1789, a été de 25,831,233 fr., et pendant les six années antérieures à 1812, il n'a été que de 1,472,028 fr.

En 1789, nous fabriquions déjà en France une grande quantité de mouchoirs de coton ;

Rouen et Montpellier en fournissoient au commerce pour plus de 15 millions; le procédé de la teinture sur coton, qu'on venoit d'importer de Smyrne et d'Andrinople, s'étoit tellement répandu et perfectionné, qu'on exportoit une assez grande quantité de fil teint en rouge.

Depuis cette époque, on a introduit successivement la fabrication de tous les tissus dont nous joignons ici la nomenclature.

Nankins jaunes en couleurs solides,
Nankins rayés et unis de toutes couleurs,
Nankinet,
Créponis,
Basins,
Mousselines,
Cambricks,
Percalles,
Organdis,
Calicots,
Tulles unis,
Tulles façonnés,
Tricot de Berlin,
Tricot à mailles fixes,
Bas à coins à jour.

Dans les départemens de l'Ain, de la Seine-Inférieure, de la Somme et du Nord, on étoit parvenu à fabriquer plus de quinze cent mille pièces de nankins par an : cette précieuse branche d'industrie s'est presque perdue du moment qu'on a rouvert la porte aux nankins de l'Inde, moyennant un droit d'entrée. Ce résultat auroit pu être prévu si l'on eût considéré que la concurrence pour cet article étoit rendue impossible à cause de la nécessité où nous sommes de revêtir ces tissus d'une couleur artificielle.

On pourra juger, par le tableau ci-joint de la filature par mécanique, de toute l'étendue qu'a prise la fabrication des étoffes de coton en France, puisque la filature alimente tous les genres de cette industrie. Ce tableau fournit l'état de 1812 : depuis cette époque, il s'est encore formé plusieurs établissemens de même nature.

ÉTAT DE LA FILATURE DU COTON

EN 1812.

DÉPARTEMENS.	SITUATION des FILATURES.	NOMBRE de BROCHES.	PRODUIT en KILOGRAMMES.
Ain............	Bourg....... Pont-de-Veyle. Nantua......	4,749	20,870
Aisne..........	Saint-Quentin. Saint-Michel.. Aubenton....	61,340	218,660
Ardèche.........	Annonay......	2,500	12,400
Aube..........	Troyes...... Arcis........ Nogent......	54,404	188,000
Aveyron........	Saint-Afrique..	500	300
Bouches-du-Rhône.	Aix..........	8,392	990
Calvados.......	Aunay....... Condé....... Caen........ Falaise.......	22,250	85,359
Corrèze.........	Brives........	2,828	16,494
Côte-d'Or.......	Dijon.........	132	1,145
Côtes-du-Nord...	Lauvignac.... Dinan.......	360	18,000
Creuse..........	Aubusson.....	6	371
Doubs..........	Besançon......	2,425	12,200
Drôme..........	Crest........ Saillans...... Donzère..... Romans......	5,716	23,200

DEPARTEMENS.	SITUATION des FILATURES.	NOMBRE de BROCHES.	PRODUIT en KILOGRAMMES.
Eure.	Évreux. Andelys. Bernay. Louviers.	8,210	95,870
Eure-et-Loire.	Saint-Remy. Aulnay. Dreux.	8,370	48,742
Gard.	Nisme. Anduze. Sauve.	1,080	98,185
Garonne (Haute-).	Toulouse.	500	54,800
Hérault.	Aniane. Gange. Montpellier.	4,592	83,715
Jura.	Saint-Claude. Moxis. Moirans.	2,156	6,400
Loir-et-Cher.	Vendôme. Blois.	350	805
Loire.	Charlieu. Saint-Denis. Montbrison. Pannissières.	24,300	95,472
Loiret.	Montargis. Orléans.	6,120	25,729
Lozère.	Ispagnac.	480	550
Maine-et-Loire.	Angers. Cholet. Chemillé.	25,000	200,000
Manche.	Goneville. Valogne. Saint-Wast.	14,000	164,000
Marne.	Châlons.	10,000	40,000

DÉPARTEMENS.	SITUATION des FILATURES.	NOMBRE de BROCHES.	PRODUIT en KILOGRAMMES.
Marne (Haute-)	Saint-Dizier / Vaux	596	2,428
Meurthe	Toul / Nancy	13,121	52,484
Mozelle	Metz	1,322	3,720
Nord	Armentières / Comines / Lannoy / Lille / Quesnoy / Roubaix / Cambrai	111,522	5,827,000
Oise	Beauvais	24,024	95,850
Orne	Alençon / Mortagne / Domfront	36,012	73,680
Pas-de-Calais	Arras / Bapaume / Ouchy / Saint-Pol	40,920	197,495
Rhin (Bas-)	Strasbourg	22,428	52,800
Rhin (Haut-)	Munster / Bolviller	47,908	217,792
Rhône	Lyon / Tarrare	83,976	742,750
Seine	Paris et banlieue	133,448	800,000
Seine-Inférieure	Dieppe / Neufchâtel / Le Hâvre / Yvetot / Rouen et banlieue	98,231	100,964

DÉPARTEMENS.	SITUATION des FILATURES.	NOMBRE de BROCHES.	PRODUIT en KILOGRAMMES.
Seine-et-Marne...	La Ferté ..... Melun.......	10,638	56,012
Seine-et-Oise. ...	Essone....... Dourdan..... Versailles....	56,782	219,792
Somme.	Corbie....... Conti. .... Bayeux...... Abbeville..... Amiens...... Montdidier... Doulens.	66,116	375,657
Tarn............	Albi. .... Castres......	420	16,600
Vaucluse........	Avignon..... Carpentras...	2,602	31,328
Vienne....	Poitiers.......	180	720
Vienne (Haute-)...	Limoges......	7,636	6,000
Totaux........		1,028,642	10,445,329

Il résulte de cet aperçu, qu'en supposant
un travail de trois cents jours par année et
de douze heures par jour, les filatures par
mécanique qui existoient en 1812, auroient
pu fournir 13,474,650 kilogrammes de fil.

La révolution qui s'est opérée dans la filature du coton devoit nécessairement en pro-

duire une semblable dans celle de la laine et du lin. Les Anglois nous avoient encore devancés, en appliquant, non-seulement à la filature de la laine, mais à toutes les opérations qui s'exécutent pour la fabrication des draps, des mécaniques plus parfaites que celles qui étoient employées chez nous; et déjà ils s'étoient acquis une telle prépondérance, qu'il ne nous étoit plus possible de concourir avec eux sur les marchés de l'Europe pour les objets de même nature : leur avantage étoit même tel que, malgré les lois prohibitives et les vexations de tout genre qu'on exerçoit dans l'intérieur de la France pour y saisir leurs étoffes, elle en étoit inondée; il falloit donc, ou renoncer à la fabrication, ou imiter leurs procédés : il n'y avoit pas à balancer sur le parti à prendre, et je crus que le moyen le plus prompt de nous approprier les méthodes angloises étoit d'attirer chez nous un des meilleurs constructeurs que possédât la Grande - Bretagne. J'appelai donc M. Douglass : je lui formai un établissement, et, en peu de temps, nos fabricans ont pu se pourvoir non-seulement de mécaniques propres à la filature, mais de toutes les machines nécessaires aux nombreuses opérations de la draperie, telles que,

1°. Une machine à ouvrir la laine;

2°. Une carde qu'on appelle *brisoir*, pour le premier degré de cardage, et qui carde 120 livres par jour;

3°. Des cardes nommées *finissoirs*, pour terminer le cardage;

4°. Une machine à filer en gros, produisant, par jour, cinquante à soixante livres de fil de boudin;

5°. Une machine à filer, par jour, trente livres de laine pour chaîne de couverture;

6°. Une machine à filer la laine pour la fabrication des draps, et faisant, par jour, douze livres de fil.

7°. Une machine à lainer les draps, conduite par deux hommes, et produisant l'ouvrage de vingt *laineurs* à la main;

8°. Une machine propre à lainer et à brosser les draps;

9°. Une autre machine du même genre que la précédente, mais destinée à lainer et à brosser les casimirs et autres étoffes étroites.

Deux de nos fabricans les plus éclairés, MM. Decretot et Ternaux aîné, que j'avois invités à suivre les procédés de M. Douglass, ont été les premiers à les introduire dans leurs ateliers ; leur exemple, bien plus puissant que les instructions d'un ministre, n'a pas tardé à en rendre l'adoption générale : les avantages de ces machines ont été si promptement reconnus, que les fabricans du midi envoyoient leurs laines à M. Douglass, pour être converties en fil, avant qu'ils eussent pu enrichir leurs établissemens de ces mécaniques. On compte déjà, en France, plus de trois cents équipages complets de méca niques, et une quantité prodigieuse de machines détachées, soit pour la filature, soit pour le lainage, soit pour le tissage.

Dès que ces machines ont été connues, nos artistes se sont emparés de leur fabrication, et y ont apporté des perfectionnemens notables ; c'est surtout dans la filature pour la draperie fine et dans la tonte des draps, qu'on a fait le plus d'améliorations.

MM. Dobo et Richard, en faisant de légers changemens aux machines employées à la filature du coton, sont parvenus à s'en servir pour filer la laine, et ils obtiennent une perfection dans le fil, qui étoit inconnue avant eux. M. de Charlieu a monté des appareils pour la filature de la laine dans lesquels il a réuni des perfectionnemens notables, ainsi que M. de Morainville , qui a entrepris la filature du lin avec succès.

Le tissage des étoffes ne devoit pas faire les mêmes progrès, parce qu'il étoit déjà plus parfait que les autres opérations ; cependant l'adoption de la navette volante, qui accélère le travail, qui fatigue moins le tisserand , et économise la main d'œuvre d'un homme dans la fabrication des tissus larges, formera époque dans les annales du progrès des arts.

L'industrie françoise a porté ses améliorations jusque dans les plus petits détails de la fabrication des étoffes : nous étions tributaires de l'étranger pour ces cartons lustrés, dont on se sert pour mettre les draps sous la presse, avant que MM. Gentil, de Vienne en Dauphiné, et Doulzals, de Montauban, en eussent enrichi leur pays.

On dégraissoit autrefois les draps par le moyen de la terre argileuse, aujourd'hui on emploie l'urine et la potasse, et, par ce moyen, on abrége l'opération de plusieurs jours : les couleurs s'avivent par ce nouveau procédé, et on n'a plus l'inconvénient de trouver de la terre dans l'étoffe, ce qui arrivoit souvent.

Les nouveaux tissus de laine qui se fabriquent en France, depuis trente ans, sont les suivans :

Casimirs,

Draps légers de fantaisie,

Draps mélangés de pinne-marine,

Ribbs,

Pattend-cord,

Duvet de cygne,

Sati-vigogne,

Étoffes dont la chaîne est en coton et la trame en laine,

Tissus croisés pour robes et pour schals, en laine de mérinos ;

Les mêmes, en laine de cachemire ;

Draps-tricots.

Chacun de ces tissus offre une variété infinie dans les qualités et les prix, et présente au consommateur tout ce qui peut satisfaire son goût, ses facultés ou ses caprices. Quelques-uns appartiennent exclusivement à notre industrie, tels que les sati-vigognes que M. Ternaux a été le premier à fabriquer, à Sédan, avec des laines de France ; et ces beaux tissus de mérinos pour schals, robes et gilets, dont la fabrication s'est tellement étendue et perfectionnée que ses produits sont devenus un objet très-considérable de commerce.

Si notre industrie en étoffes de laine s'est enrichie de nouveaux produits, elle a perdu, d'un autre côté, plusieurs genres de tissus qui avoient une grande consommation en 1789 : la fabrication des ratines, des prunelles, des camelots, des calmandes, des flanelles imprimées, n'existe presque plus nulle part; la mode a exclu l'usage de ces anciennes étoffes pour adopter les nouvelles; et c'est ici changement de goût plutôt que perte d'industrie.

L'exportation de nos étoffes en laine a diminué : elle étoit, terme moyen, avant 1789, de 24,747,511 francs ; tandis que la moyenne, prise sur les dix années antérieures à 1812, n'est que de 28,281,373 francs, et que, dans cette valeur, on comprend les exportations opérées par les nombreuses fabriques des pays alors réunis à la France, ce qui en forme au moins le tiers : cela tient surtout à ce que toutes les nations de l'Europe ont amélioré leur fabrication et conquis leur indépendance industrielle. La consommation pour l'intérieur de la France s'est considérablement accrue, surtout dans les campagnes, où l'on voit employer des étoffes qui, jadis, y étoient inconnues; de sorte que, quoique nos fabriques exportent moins, elles travaillent bien davantage.

La filature du lin par mécanique a dû éprouver plus de difficulté que celle de la laine et du coton : chaque filament de lin présente une réunion de brins élémentaires qui sont collés entre eux, et qu'il faut désunir et séparer pour pouvoir obtenir, par la filature, une finesse de fil convenable : la fileuse à la main exécute cette opération par la pression de ses doigts et le secours de la salive; elle détache les brins l'un de l'autre en les réfoulant vers le bas, et lie, par la torsion, les brins qu'elle conserve au centre : le fil qui en résulte est d'autant plus gros qu'elle l'a composé de plus de brins; et le fil, le plus fin possible, est celui qui n'est formé que d'un seul brin élémentaire.

Pour appliquer la mécanique à la filature du lin, il falloit donc commencer par dissoudre le *gluten* qui lie les brins qui forment un filament; et je ne connois que M. Ph. Girard qui s'en soit utilement occupé. Cette opération préliminaire est indispen-

sable pour la filature fine , et elle est avantageuse pour la grossière. Un établissement
fondé sur ce principe avoit été formé à Paris,
sous la direction de M. Girard ; mais le gouvernement d'Autriche a enlevé cet habile
artiste à la France , et il vient d'établir cette
industrie en Allemagne près de Vienne ; les
produits qu'il avoit obtenus chez nous jouissoient déjà d'un grand crédit dans nos fabriques ; il filoit , à volonté , depuis le plus
gros *numéro* jusqu'au fil de dentelles.

Avant M. Girard , M. Lafontaine avoit établi , à la Flèche , une filature de lin et chanvre. par mécanique ; mais il s'est borné constamment à produire le fil nécessaire à la
qualité des toiles de Laval. M. Coquerel a
ajouté à tout ce qui avoit été fait avant lui ,
et il a formé des établissemens, en France et
en Silésie , qui ont du succès.

Quoique les établissemens de filature par
mécanique ne soient pas encore nombreux ,
il suffit qu'on en ait constaté les résultats
pour qu'ils se multiplient ; et je ne doute
pas qu'en peu d'années , le travail à la main
ne soit avantageusement remplacé par celui
des machines.

Le tissage des grosses toiles de chanvre a

reçu des améliorations sensibles. MM. Queval de Fécamp ont employé le manége pour mettre en mouvement plusieurs métiers destinés à tisser la toile à voile et la toile commune : ces métiers sont disposés de manière que le fil de trame reçoit deux ou trois coups de chasse, à volonté, suivant que le tissu doit être plus ou moins serré : au moyen de ces machines on peut tisser, par jour, dix aunes de toiles à voile, tandis que, par le procédé ordinaire, un bon ouvrier ne peut en faire que six dans le même temps.

M. de Viéville a établi, à Reverseaux, dans le département d'Eure-et-Loir, des machines propres à tisser la toile par un simple mouvement de rotation.

On est parvenu à fabriquer des toiles pour draps de lit, de trois aunes et demie de largeur. A Montpellier et à Amiens, on a trouvé le moyen de donner au fil de lin la même solidité de couleurs que celle que prend le coton, ce qui doit augmenter considérablement l'usage des tissus de lin, et faire supprimer, dans les mouchoirs de fil, les bandes de coton rouge ou violet qu'on étoit obligé d'y faire entrer.

Autrefois la France exportoit en bonne-

terie de fil, toiles de chanvre et de lin, mouchoirs, batistes et linons, dentelles, etc.,
pour une valeur d'environ 40 millions par
année, et elle importoit en matière première, chanvre, lin et fil, pour près de 12
millions.

Les préparations qu'on fait subir aux tiges
de lin et de chanvre avant d'en extraire le
fil, viennent de recevoir de tels perfectionnemens, qu'il doit en résulter un énorme
avantage pour l'industrie. Les Anglois avoient
construit une machine, à l'aide de laquelle
on exécutoit, sur la tige de lin ou de chanvre, toutes les opérations qui constituent
le rouissage, le teillage et le maillotage :
du moment que l'annonce de cette découverte nous est parvenue, M. Christian, directeur du Conservatoire des arts et métiers,
s'est occupé du même objet, et il est arrivé
aux mêmes résultats par les moyens les plus
simples : sa mécanique consiste en un cylindre cannelé, dont les cannelures ont quatre lignes de profondeur ; ce cylindre est
entouré et couvert de petits cylindres également cannelés, auxquels le grand cylindre
communique le mouvement de rotation qui
lui est imprimé par une manivelle. Les tiges

de lin ou de chanvre qu'on engage entre les cylindres, sont aplaties et écrasées par les cannelures ; l'écorce et le gluten durci qui lie les fibres, se détachent, et il ne reste que les brins qui n'ont besoin que d'être peignés pour séparer l'étoupe d'avec le fil.

Pour apprécier tout l'avantage que présente cette machine, il faut savoir qu'elle supplée à trois opérations distinctes : 1°. au rouissage qui rendoit l'eau insalubre, et vicioit l'air à une assez grande distance ; 2°. au peignage qui consiste à séparer le fil d'avec la tige ligneuse ; 3°. au maillotage par lequel on rendoit les filamens de lin et de chanvre plus doux, plus moelleux et plus nets.

Jusque-là les avantages de la machine se borneroient à supprimer des opérations longues et préjudiciables à la santé, et ce seroit déjà beaucoup, sans doute ; mais ils sont bien plus importans encore : le chanvre et le lin travaillés par cette méthode, éprouvent beaucoup moins de déchet et conservent toute leur force.

Cette machine est si simple, que lorsque la concurrence sera établie pour sa fabrication, on pourra se la procurer en fer de fonte pour 2 à 300 francs.

Toutes les opérations qui concourent à la préparation de la soie et à la fabrication des tissus, ont reçu des perfectionnemens. Le procédé de M. Gensoul, qui consiste à chauffer, par la vapeur, l'eau des bassines dans lesquelles on met les cocons pour les disposer à la filature, a été généralement adopté; on y trouve de l'économie pour le combustible, et on règle la température de l'eau de manière à ne pas altérer la force de la soie et à éviter qu'elle ne contracte cette couleur terne qu'elle prend par l'ancien procédé.

Les belles machines de Vaucanson, destinées à mouliner et à organsiner la soie, ont été établies dans un plus grand nombre d'ateliers; et cette opération importante, qui influe si puissamment sur la qualité de l'étoffe, a été tellement perfectionnée, que nos organsins peuvent enfin rivaliser avec ceux du Piémont.

On est parvenu à supprimer la *tire* dans la fabrication des tissus : cette opération, qu'exécutoient des enfans, a été remplacée par des machines: le foulage des marches suffit pour opérer la *tire* dans le procédé de M. Jacquard. M. Jaillet a fait un métier combiné qui a le double avantage de faciliter la *tire* , et de fabriquer des tissus dans les plus grandes dimensions.

Enfin, on a enrichi les ateliers de soierie d'un grand nombre de tissus, dont la fabrication nous étoit inconnue il y a trente ans; et l'on a réuni dans les manufactures de Lyon ou de Paris, tous les genres de soieries que nous importions de l'étranger. Je joins ici l'énumération de ces divers articles :

Tulles à filoche,

Tulles à mailles fixes,

Tulles façonnés ,

Étoffes en peluche imitant la fourrure,

Étoffes à grands sujets dont les lés se réunissent sans contrarier le dessin ,

Étoffes pour meubles en laine et soie , imitant la tapisserie de Beauvais ;

Schals en bourre de soie, brochés;

Levantines ;

Rubans de satin tissus à la manière angloise ;

Rubans ondés, fabriqués en soie tordue ;

Madras, chaîne en soie et trame en coton ;

Velours imitant la peinture, de M. Grégoire.

La mécanique, qui , pendant l'espace d'un

siècle, avoit peu ajouté au métier à bas, introduit en France par Hindret, l'a beaucoup amélioré de nos jours. Nous avons vu paroître successivement le métier à maille fixe de Chevrier, celui à chaînettes de Chevalier, celui à tricot sur chaîne et à maille transposée d'Aubert, de Lyon, celui à manivelle de Favereau, ceux à roulette de Jandeau et de Julien Leroy, ceux de Dantry, Viardot, Jolivet, Cochet, etc.; tous présentent des perfectionnemens plus ou moins utiles : mais M. Moisson, chanoine d'Alais, en supprimant les ondes, est, peut-être, celui qui a le plus simplifié l'ancien métier à bas, sous le rapport du mécanisme et de l'économie.

Les machines qui remplacent aujourd'hui la main de l'homme dans presque toutes les opérations de l'industrie manufacturière, ont opéré une grande révolution dans les arts : depuis leur application, on ne peut plus calculer les produits par le nombre des bras employés, puisqu'elles décuplent le travail; et l'étendue de l'industrie d'un pays est aujourd'hui en raison du nombre des machines, et non de la population.

Des personnes peu éclairées craignent

toujours que l'emploi des machines n'enlève
le travail à une grande partie des ouvriers
qui sont employés dans les fabriques : on a dû
éprouver les mêmes craintes lorsqu'on a découvert la charrue et l'imprimerie ; mais, en
remontant à l'origine des arts pour en suivre
les progrès jusqu'à nous, on voit que la
main de l'homme s'est constamment armée
de machines qu'on a perfectionnées peu à
peu ; et que la prospérité de l'industrie a été
toujours proportionnée à ces améliorations.
La raison en est, que les machines, en diminuant le prix de la main d'œuvre, font
baisser celui du produit, et que la consommation augmente, par le bas prix, dans une
progression plus forte que celle de la diminution des bras : d'ailleurs, en augmentant
les produits, on donne lieu à un plus grand
nombre de travaux de détail qui exigent de
la main d'œuvre et emploient plus de bras
qu'on ne pourroit le faire par une fabrication sans mécaniques qui seroit forcément
moins étendue.

La population de Manchester et de Bir-
mingham n'étoit pas le dixième de ce qu'elle
est devenue depuis l'adoption des machines ;
et, à coup sûr, il y a aujourd'hui plus de

personnes employées dans les imprimeries qu'il n'y avoit autrefois de copistes.

D'ailleurs, il n'est pas au pouvoir d'une nation, qui veut avoir une industrie manufacturière, de ne pas adopter les machines dont on se sert ailleurs : elle ne pourroit ni faire aussi bien, ni vendre au même prix ; et, dès lors, elle perdroit sa fabrication : c'est donc aujourd'hui un devoir que de les employer, et l'avantage reste à celui qui a les meilleures.

Nous sommes loin encore d'avoir en France cette profusion de machines qu'on voit en Angleterre : dans ce dernier pays on les emploie à tous les travaux ; on y remplace partout la main de l'homme par des mécaniques : les pompes à feu sont le mobile de toutes les opérations dans les ateliers ; et cependant une grande partie de la population y vit du travail de l'industrie manufacturière. Si nous n'avons pas donné une aussi grande étendue à l'application des machines que l'ont fait les Anglois, c'est que la main de l'ouvrier est moins chère chez nous, et que le bas prix du combustible en Angleterre permet d'y employer partout, avec avantage, les machines à vapeur.

La fabrication des bonnes machines de
précision, dont la justesse, la solidité et la
simplicité font le principal mérite, n'étoit
point portée en France, jusqu'à ces derniers temps, au degré de perfection où elle
étoit parvenue en Angleterre; et nous étions
tributaires de cette nation pour tous ces objets, tels que lunettes, instrumens de physique, etc.

Ce genre d'industrie suppose, de la part
de l'artiste, des connoissances étendues de
mécanique, quelques notions de calcul,
une grande habileté dans le travail, et des
lumières sur les principes de l'art. Cette réunion de qualités nécessaires pour composer
un bon instrument, se trouve rarement
dans un artiste; et ce n'a été qu'à l'époque
où l'étude des sciences est devenue plus générale, et les rapprochemens plus intimes
entre les savans et les artistes, que ceux-ci
sont arrivés à un grand degré de perfection
dans leur art.

M. Bréguet a considérablement perfectionné l'art de l'horlogerie : non-seulement
il exécute des garde-temps d'une grande
précision, mais il a fait des améliorations
importantes au travail des pièces qui en-

trent dans la composition d'une montre.
1°. A l'aide d'un mécanisme qu'il appelle
parachûte, il a mis le balancier à l'abri des
fortes secouses. 2°. Par le moyen d'un autre
mécanisme qu'il appelle *tourbillon*, il conserve la même justesse aux garde-temps,
quelle que soit la position, verticale ou incli-
née, de la montre. 3°. Il a composé des garde-
temps dont le balancier porte sa compensa-
tion; ils sont à échappement libre et à spirale
isochrone. 4°. Il a encore inventé un échappement, appelé *naturel*, qui a l'avantage de
n'avoir pas besoin d'huile, et dans le mécanisme duquel il n'entre pas de ressort, et un
échappement double qui n'a pas de frotte-
ment, et qui répare, à chaque vibration, la
perte faite par le pendule.

MM. Janvier, Pons, Lepaute, Robin, etc.
ont tous ajouté quelque perfectionnement
à l'art de l'horlogerie, soit par l'application
qu'ils ont faite du mécanisme des pendules
à d'autres usages qu'à ceux qui sont destinés
à mesurer le temps, soit par la simplicité
ou la précision qu'ils ont employées dans la
construction.

L'art de l'horlogerie est devenu une
branche d'industrie très-importante pour la

France. Le goût des montres et des pendules est plus répandu parmi nous que chez aucune autre nation de l'Europe ; les seuls ornemens des pendules sont le produit de plusieurs arts, tels que ceux du doreur, du fondeur, du ciseleur, du tourneur, de l'émailleur, du vernisseur, etc. ; et notre industrie, en ce genre, est supérieure à celle de nos voisins, tant par l'élégance des formes, le fini du travail, la beauté des dorures, que par le bas prix.

Depuis qu'on traite l'horlogerie commune *en manufacture*, le prix des montres et des pendules a tellement baissé, que l'usage en est devenu général. Le seul commerce de l'horlogerie, à Paris, est un objet de 20 millions par an et y occupe neuf mille ouvriers : on y trouve des montres d'argent à 12 fr. et des pendules montées à 5o et 6o fr.

Les lunettes, tant pour les objets célestes que pour les objets terrestres, nous étoient fournies par l'étranger : aujourd'hui on les fabrique dans nos ateliers : celles que MM. Le Rebours et Cauchoix ont déposées à l'Observatoire royal, ne le cèdent en rien aux meilleures lunettes qu'on ait tirées d'Angleterre.

M. Jecker travaille tous les instrumens

d'optique en *manufacture* : les machines qu'il emploie sont tellement parfaites, qu'il peut livrer ses articles au commerce, à si bas prix, qu'il n'y a plus d'intérêt à les importer.

Le flint-glass, que nous tirions exclusivement d'Angleterre, se prépare aujourd'hui dans les fabriques de Bacara et du Creusot : M. Dartigues, dont le désintéressement ne peut être comparé qu'aux services qu'il a rendus aux arts, le fournit, sans rétribution, aux opticiens de la capitale.

Les instrumens de physique avoient laissé beaucoup à désirer, jusqu'ici, sous le rapport de la précision : des artistes habiles, éclairés par des hommes instruits, se sont livrés à cette fabrication, et déjà nous avons peu à envier, à cet égard, aux étrangers : c'est surtout à MM. Fortin et Lenoir qu'on est redevable des progrès de cet art. Le premier exécute, en ce moment, le cercle mural, d'environ deux mètres de diamètre, dont S. A. R. le duc d'Angoulême a doté l'Observatoire.

Depuis long-temps la France ne connoît pas de rivale pour la bijouterie et l'orfévrerie : le goût du dessin, la beauté des formes, l'élégance des ornemens, l'égalité constante du titre de la matière, ont acquis une réputation à ce genre d'industrie qu'elle n'a pas cessé un moment de mériter; les machines les plus ingénieuses perfectionnent et simplifient chaque jour le travail, en diminuant les frais de fabrication; la mode qui exerce un empire absolu sur ces produits, surtout sur la bijouterie, ne décourage point nos artistes; ils se plient à ses caprices, et provoquent ses fantaisies.

L'orfévrerie et la bijouterie forment un commerce de 27 millions pour la seule ville de Paris, et occupent près de quatre mille ouvriers.

ARTICLE II.

Des Progrès des arts chimiques en France depuis trente ans.

Les progrès qu'ont faits les arts chimiques, depuis trente ans, étonneront d'autant plus la postérité, que c'est au milieu des tempêtes politiques que les principales découvertes ont pris naissance; on se demandera un jour, comment un peuple, en guerre avec toute l'Europe, séquestré des autres nations, déchiré au dedans par les dissensions civiles, a pu élever son industrie au degré où elle est parvenue. Nous devons aux siècles à venir de leur en faire connoître les causes, ne fût-ce que pour adoucir l'impression douleureuse que porteront dans le cœur de nos neveux quelques événemens moins glorieux pour la France.

Bloquée de toutes parts, la France s'est vue réduite à ses propres ressources : toute communication au dehors lui étoit presque interdite ; ses besoins augmentoient par le désordre de l'intérieur et par la nécessité de repousser l'ennemi qui étoit à ses portes : elle commençoit déjà à sentir la privation d'un grand nombre d'objets qu'elle avoit tirés jusque-là des pays étrangers : le gouvernement fit un appel aux savans ; et, en un instant, le sol se couvrit d'ateliers ; des méthodes plus parfaites et plus expéditives remplacèrent partout les anciennes ; le salpêtre, la poudre, les fusils, les canons, les cuirs, etc., furent préparés ou fabriqués par des procédés nouveaux ; et la France a fait voir encore une fois à l'Europe étonnée, ce que peut une grande nation éclairée, lorsqu'on attaque son indépendance.

A cette époque, la chimie venoit de faire de si grands progrès, qu'elle pouvoit interroger la nature dans ses opérations et maîtriser celles des arts : son utilité a été si généralement reconnue, ses applications aux arts sont devenues si nombreuses, qu'on en a fait une des bases de l'instruction publique : elle forme aujourd'hui un état pour la jeunesse studieuse ; et déjà nous ne voyons plus une fabrique importante dont la direction ne soit confiée à un homme instruit dans cette science.

Le temps n'est pas bien éloigné où le fabricant se méfioit des conseils du savant, et cette méfiance n'étoit que trop fondée : dans l'état d'imperfection où étoit alors la chimie, elle ne pouvoit se rendre compte de presque aucun phénomène ; et les applications d'une fausse doctrine faisoient dévier l'entrepreneur au lieu de le diriger vers le but. Mais du moment que la chimie est devenue une science positive ; surtout lorsqu'on a vu des chimistes à la tête des plus grandes entreprises, et faire prospérer dans leurs mains tous les genres d'industrie, le mur de séparation est tombé, la porte des ateliers leur a été ouverte, on a invoqué

leurs lumières ; la science et la pratique se
sont éclairées réciproquement, et l'on a marché à grands pas vers la perfection.

C'est dans les circonstances les plus difficiles que se sont opérés tous ces changemens;
le gouvernement, pressé par le besoin, a
successivement tiré plusieurs savans de leur
cabinet pour les placer dans les ateliers, et
la plupart y ont fait des prodiges en très-peu
de temps; je n'en citerai qu'un exemple :
en moins de trois mois on étoit parvenu à
fabriquer, dans la poudrerie de Grenelle et
par des procédés nouveaux, 35 milliers de
bonne poudre par jour.

Le mouvement qui fut alors imprimé ne
s'est point ralenti : plusieurs des savans
qui avoient été lancés, presque malgré eux,
dans la carrière de l'industrie, sont restés à
la tête de leurs établissemens, et les nombreux élèves que forme la chimie en créent
de nouveaux de toutes parts.

C'est donc à la chimie et aux circonstances
qui ont élevé les arts au niveau de ses connoissances actuelles, que nous devons rapporter les progrès étonnans qu'a faits l'industrie. Aujourd'hui l'impulsion est donnée,
on ne doit plus craindre de voir ralentir la

marche des arts utiles; à peine une découverte est-elle faite dans un laboratoire, qu'elle passe dans les ateliers.

Après avoir indiqué les causes principales qui ont concouru au progrès des arts depuis trente ans, on ne peut pas passer sous silence les services qui leur ont été rendus par l'École polytechnique et par la Société d'encouragement.

L'École polytechnique, créée au milieu des orages de la révolution, a fourni des hommes supérieurs pour tous les services publics : pendant vingt années consécutives, aucun événement n'a honoré la France sans que quelqu'un des élèves de cette École n'y ait participé : les prodiges de l'arme du génie et de l'artillerie, dans les combats et les siéges; les perfectionnemens apportés dans tous les établissemens militaires et civils; les routes, les canaux, les ponts sont partout des monumens qui attestent leur génie; plusieurs d'entre eux dirigent aujourd'hui nos manufactures les plus importantes, et l'Académie royale des Sciences compte, parmi ses membres les plus distingués, des savans sortis de cette École.

La Société d'encouragement, organisée

pendant mon ministère, a constamment
réuni dans son sein les hommes les plus
instruits et les artistes les plus habiles;
depuis dix-huit ans elle forme, pour ainsi
dire, une école d'instruction où tous les artistes viennent avec confiance demander des
conseils et faire juger leurs procédés : les
prix nombreux qu'elle propose chaque année remplissent peu à peu les lacunes d'imperfection que présente encore l'industrie
dans quelques parties, et les travaux de ses
comités ont successivement amélioré ou
créé plusieurs genres de fabrication.

La suppression des jurandes et maîtrises
a encore puissamment contribué à accélérer
les progrès des arts : du moment que la
liberté a été rendue à l'exercice de toutes
les professions, les nombreux concurrens
ont senti qu'ils ne pouvoient se distinguer
que par un travail plus parfait et plus économique; l'émulation a été excitée de toutes
parts par l'intérêt et l'amour-propre; on a
abandonné le chemin tracé par la routine
pour parvenir à faire mieux ou au moins à
fabriquer à plus bas prix, et partout ces
efforts ont été couronnés de succès.

C'est ce concours de circonstances qui a

porté les arts chimiques à un degré de perfection qu'on ne trouve encore chez aucune
autre nation.

Je vais présenter ici le tableau des progrès qu'ont faits les arts chimiques en
France depuis trente ans ; et, pour mettre
le plus d'ordre qu'il me sera possible dans
cette énumération, je les classerai d'après
les trois règnes de la nature qui leur fournissent la matière première sur laquelle ils
s'exercent : je terminerai ensuite en faisant
connoître quelques méthodes générales de
perfectionnement qui s'appliquent à tous.

1°. Il y a trente ans qu'on ne connoissoit
pas d'autre procédé pour blanchir les fils et
les tissus de chanvre, de coton et de lin,
qu'en les exposant alternativement à l'action des lessives alkalines et à celle de l'air
et de la rosée dans de vastes prairies. Le
célèbre Schéele découvrit l'acide muriatique
oxigéné (chlore), dans son laboratoire
d'Upsal, et reconnut à ce nouveau produit
la propriété singulière de détruire le principe colorant des substances végétales. Il
étoit loin sans doute de prévoir que cette matière puante feroit un jour la matière d'un
de nos arts les plus importans : c'est cepen-

dant ce qui est arrivé peu d'années après ;
le génie de M. Berthollet s'est emparé de ce
fait, et il l'a heureusement appliqué au blanchissage du lin, du chanvre et du coton.

En peu de temps cette méthode de blanchissage est devenue générale. M. Decroi-
zilles a été le premier à l'introduire à Rouen,
d'où elle s'est répandue dans toute la France.
Ce nouveau procédé présente plusieurs
avantages : on blanchit plus promptement
qu'on ne faisoit par l'ancien, ce qui fait rentrer les capitaux plus vite, et permet à l'entrepreneur de conduire un plus grand nombre d'affaires avec les mêmes fonds ; on a pu
rendre à l'agriculture les immenses prairies
qui, jusque-là, avoient été consacrées aux
opérations de l'ancienne méthode.

La propriété qu'a cet acide de décolorer
les matières végétales, me fit présumer qu'on
pourroit en tirer un parti avantageux pour
blanchir la pâte des chiffons destinée à la
fabrication du papier : les expériences que
je fis exécuter en grand dans la papeterie de
MM. Montgolfier confirmèrent mon opinion.
Ce blanchissage augmenta la valeur commerciale du papier d'environ 15 pour cent.
Depuis cette époque cette méthode a été

introduite dans presque tous les ateliers ;
elle sert en outre à décolorer les vieux ma-
nuscrits avec lesquels on fabrique du papier
commun.

Dans le mémoire où je rendis compte de
ces résultats, je proposais encore de blanchir les estampes et les livres noircis par
la fumée, et de leur rendre leur couleur
primitive, ce qui forme aujourd'hui un
procédé d'industrie très-répandu.

En 1788, j'avois introduit dans mes établissemens un moyen de blanchir le fil de
coton qui me présentoit beaucoup d'économie ; il consistoit à l'imprégner d'une lessive alkaline chaude, et à le chauffer, à la
vapeur, dans des vaisseaux clos pendant
quelques heures : c'est cette opération qui
m'a fourni l'idée de blanchir à la vapeur le
linge sale. En 1801, quatre cents paires de
draps de l'Hôtel-Dieu de Paris ont été traitées
par ce procédé dans l'établissement des
frères Bawens à la barrière des Bons-Hommes:
d'après les calculs de la dépense comparée,
entre la méthode ordinaire de blanchissage
et celle à la vapeur, cette dernière a présenté un avantage de près de moitié, et le
blanchissage a été jugé très-supérieur. On

a vu ensuite M. Curaudau chercher à propager ce procédé, et y apporter quelques légers changemens pour en faire une opération de ménage.

La fabrication des papiers peints a pris un si grand développement depuis vingt-cinq ans, que ses produits servent aujourd'hui à l'ameublement de toutes les classes de la société ; elle s'est enrichie de nouvelles couleurs, et la chimie a trouvé le moyen de donner de la solidité à plusieurs d'entre elles qui n'en avoient aucune. Le vert et le bleu, qui ne résistoient pas long-temps à l'air, peuvent aujourd'hui en recevoir une impression durable sans éprouver de l'altération, et c'est à M. Prieur que nous devons cette découverte. Cette branche d'industrie vient de recevoir encore des améliorations par l'importation du procédé à l'aide duquel on fabrique les feuilles de papier d'une largeur et d'une longueur indéterminées (1).

La chimie avoit fait connoître les principes de la fermentation vineuse ; elle avoit

______

(1) Ce procédé, découvert en France par M. Didot, avoit été porté en Angleterre par son auteur, que des raisons particulières avoient forcé à s'expatrier.

indiqué les changemens qui s'opèrent par la décomposition des deux substances principales qui constituent le suc du raisin, et avoit déterminé les proportions dans lesquelles elles doivent se trouver pour donner de bons résultats. On savoit aussi que les agens de la fermentation qui se trouvent dans le fruit, varient en proportion, selon les saisons, la température, etc., et que toutes ces causes influent sur la qualité du vin, en même temps qu'elles servent à expliquer la différence qui se trouve très-souvent dans les produits annuels d'un même vignoble : il ne s'agissoit plus que de faire l'application de ces principes afin de suppléer, par l'art, à ce qui pouvoit manquer de maturité ou de perfection au moût, pour obtenir une bonne fermentation.

D'un autre côté, la théorie de la fermentation étant bien connue, il devenoit facile de la diriger et de lui faire produire en tout temps les meilleurs résultats possibles.

C'est ce double but que je me suis proposé dans mon *Essai sur l'Art de faire le vin*, où j'ai tâché de porter cette branche précieuse de l'industrie agricole au niveau de nos connoissances actuelles.

Je n'ai jamais eu la prétention de faire produire à tous les vignobles la même qualité de vin ; mon intention a été d'améliorer le produit de chacun d'eux, de corriger, par des moyens faciles, la mauvaise qualité du raisin après les saisons froides ou pluvieuses, de diriger avec intelligence la fermentation dans la cuve et le travail du vin dans les tonneaux, et j'y suis parvenu. Je pourrois citer ici plusieurs grands vignobles de France dont le vin ne pouvoit pas se conserver une année, et qui, d'après les améliorations que j'ai proposées, acquiert, en vieillissant, des qualités supérieures. J'ai la douce consolation d'apprendre chaque jour que mes procédés produisent les meilleurs effets dans tous les pays étrangers où on les a adoptés.

La distillation des vins est connue en France depuis le douzième siècle ; les premiers appareils importés d'Arabie étoient construits d'après les meilleurs principes, et cet art important a fait bien peu de progrès jusque vers le milieu du siècle dernier. A cette dernière époque, des savans estimables se sont occupés de perfectionner la distillation ; mais leurs travaux ont produit peu de résultats utiles. Quelques années après, Argand et moi avons fait connoître des procédés plus avantageux, que le commerce a suivis pendant quelque temps.

Il étoit réservé à Édouard Adam d'établir le système de la distillation sur de nouveaux principes, et d'en faire, pour ainsi dire, un art nouveau. Un appareil de chimie employé à tout autre usage, lui donna la première idée de son nouvel alambic : la connoissance du fait que les vapeurs aqueuses qui s'élèvent, par la distillation, avec les vapeurs alcoholiques, se condensent à une température moins élevée, l'a dirigé dans toutes ses recherches ; il a fait une application si heureuse de ce principe à l'art de distiller les vins, qu'il est parvenu à retirer une plus grande quantité d'eau-de-vie, et à obtenir, à volonté, et par une seule chauffe, tous les degrés de spirituosité connus dans le commerce, depuis l'alcohol le plus concentré jusqu'à l'eau-de-vie la plus foible.

Les avantages que présentoient les appareils qu'Édouard Adam avoit construits dans le midi, ne permettoient plus aux anciens de pouvoir concourir ; la prodigieuse quantité d'eau-de-vie que ses établissemens ver-

soient dans le commerce menaçoit d'une
injonction forcée tous les autres distillateurs;
et, malgré la garantie d'un brevet d'invention, Édouard Adam vit bientôt imiter ses
procédés, et partager le fruit de sa découverte.

Cet appareil ingénieux réveilla l'attention des artistes et des savans; tous s'empa-
rèrent, à l'envi, de son idée primitive, et
arrivèrent au même résultat par des routes
différentes; de sorte qu'en très-peu de temps,
on vit paroître des alambics plus simples,
plus parfaits, plus économiques, et qui produisoient le même effet que ceux d'Édouard
Adam. C'est surtout à Isaac Berard, à Soli-
mani, à Duportal, à Alègre, à Sellier, et à
d'autres que nous devons les perfectionnemens qui ont été successivement apportés
au procédé d'Édouard Adam. Ces nouveaux
appareils de distillation sont aujourd'hui
répandus dans toute la France, et sur plusieurs points de l'Europe; partout on en
obtient les résultats les plus satisfaisans.

On sentira tous les avantages de ces nouveaux procédés de distillation, si l'on considère que, depuis trente ans, la production
du vin a beaucoup augmenté en France,

et que les eaux-de-vie fournissent au commerce un de ses principaux moyens d'échange avec les pays étrangers.

Jusqu'ici, le goudron extrait des arbres résineux, dans le midi de la France, a été réputé de qualité inférieure à celui du nord, pour le service de la marine : la chimie a recherché les causes de cette différence, et elle les a trouvées dans la mauvaise construction des fours qui, n'étant point couverts, reçoivent la pluie, et exigent un degré de chaleur qui volatilise l'huile de térébenthine, enflamme le bois et rend le goudron sec, épais et impur.

On peut, à la vérité, ramener ces goudrons à un bon état de perfection, en les plaçant dans une étuve, et en y ajoutant l'huile volatile qu'ils ont perdue : le charbon et le sable se précipitent alors ; et, par la décantation, on obtient du goudron assez parfait : mais M. Darracq, qui avoit d'abord employé ce procédé, l'a abandonné pour suivre une meilleure méthode : il a construit un appareil en tôle et en brique exactement fermé, n'ayant qu'un tube à sa partie supérieure, afin de recueillir l'huile volatile ; et, au lieu d'enflammer le bois, il fait couler le goudron à l'aide de tuyaux de chaleur distribués dans l'appareil.

Ce goudron, essayé dans l'arsenal de Brest, en comparaison avec celui du nord, a paru d'une qualité au moins égale à ce dernier.

En faisant passer le bois à l'état de charbon, par le moyen de la chaleur, on laissoit échapper dans l'air, à pure perte, une quantité considérable de produits dont on ignoroit la nature. MM. Vauquelin et Fourcroy ont prouvé que la partie de ces vapeurs épaisses, susceptible de condensation, n'étoit que de l'acide acétique (ou vinaigre) qui tenoit en dissolution de l'huile végétale altérée par le feu. Avant la découverte de ces deux chimistes, on avoit entrepris de carboniser le bois à vaisseaux clos ; cette méthode présentoit de grands avantages, en ce qu'on retiroit au moins un quart de plus en charbon que par les anciens procédés; mais du moment qu'on a su que le produit, qui s'échappoit pendant l'opération, étoit du vinaigre, on a perfectionné les appareils pour le recueillir, et bientôt on est parvenu à le débarrasser de toute l'huile qu'il contient, à le présenter, pour tous les usages, parfaitement décoloré, sans odeur, et à un degré de pureté et de concentration que n'a pas le vinaigre de vin; de sorte qu'on a pu remplacer ce dernier avec avantage dans les arts et dans tous les usages domestiques.

Aujourd'hui les nombreuses préparations qu'on faisoit, pour les fabriques, avec le vinaigre ordinaire, sont exécutées avec le vinaigre de bois. M. Mollerat, à qui on doit une grande partie des progrès de cette industrie, est parvenu à le fournir en cristaux transparens comme la glace la plus pure.

Le vinaigre de bois, imprégné de l'huile végétale, est avantageusement employé à dissoudre le fer, et à former la composition qui fait la base des couleurs noires; l'huile concourt à leur donner de la solidité, surtout dans la teinture et l'impression des cotons.

Outre le vinaigre et l'huile, la distillation des combustibles, tels que bois et charbon de terre, fournit une grande quantité de gaz hydrogène dont on a tiré un parti avantageux pour l'éclairage. Cette belle application d'un principe connu est due à M. Lebon, ingénieur des ponts et chaussées, qui, le premier, a fait voir au public, il y a vingt ans, son jardin et sa maison éclairés par le gaz dégagé du charbon de terre. Ce procédé, dont les habitans de la capitale ont admiré les effets pendant deux ou trois mois, a été bientôt appliqué à l'éclairage de quelques ateliers, en Autriche et en Angleterre : peu à peu on l'a perfectionné, et, aujourd'hui, il est employé pour éclairer une grande partie des rues et des maisons de Londres, et quelques établissemens à Paris. Si ce nouveau système d'éclairage a fait moins de progrès en France, c'est, peut-être, parce que la fonte de fer et le charbon y sont plus chers qu'en Angleterre, et que le coak (résidu de la distillation de la houille) y est encore moins recherché.

Nous parlerons ici d'un autre genre d'industrie qui s'est tellement perfectionné, depuis vingt ans, qu'il forme, pour ainsi dire, un art nouveau, c'est l'éclairage par les lampes. Argand eut d'abord l'heureuse idée de faire passer un courant d'air au milieu des mèches circulaires ; M. Lange y ajouta une cheminée de verre qui détermine un courant d'air plus rapide, rend la flamme plus brillante, élève la chaleur, et brûle la fumée. Ces lampes dont l'usage est devenu général, ont été successivement perfectionnées par MM. Quinquet, Girard, Carcel, Rumford, Bordier, etc. Nos artistes se sont emparés de leur construction, et ils en ont tellement varié et embelli les formes, qu'elles sont devenues un ornement de luxe ; la fabrication en est immense, et nous en exportons beaucoup à l'étranger.

L'usage de ces lampes a donné naissance à un autre genre d'industrie, dont la chimie ne se fût peut-être pas occupée de long-temps si cette découverte ne l'avoit provoquée ; c'est celui d'épurer et de dégraisser les huiles de graines par l'acide sulfurique qui en sépare et précipite tout le principe mucilagineux qu'elles contiennent, et les rend plus propres à la combustion.

On avoit reconnu, depuis quelque temps, la propriété antiputride du charbon, mais on étoit loin de lui supposer toutes les qualités qui l'ont fait adopter dans les opérations des arts : M. Figuier fut le premier à nous apprendre que le charbon animal possédoit des qualités très-supérieures au charbon végétal pour décolorer les liquides, et il l'employa, avec un grand succès, pour blanchir le vinaigre et les liqueurs. M. Berthollet nous prouva que l'eau enfermée dans des futailles charbonnées à l'intérieur n'étoit plus susceptible de se corrompre ; ce qui doit être d'une très-grande utilité dans les longs voyages sur mer. M. Cuchet établit à Paris des filtres de charbon pour clarifier, purifier, et rendre potables les eaux les plus infectes. Mais, depuis trois ou quatre ans, le charbon animal a été employé à une opération bien plus importante; il sert à raffiner les sucres, et l'usage en est devenu général. Cette belle découverte est la suite naturelle des grands travaux qu'on a faits pour perfectionner la fabrication du sucre de betterave, et qui, quoique constamment dirigés vers ce but, ont enrichi le raffinage du sucre de canne de très-grandes améliorations. C'est surtout à M. de Rosne qu'on doit l'emploi du charbon pour décolorer, dégraisser les cuites du sucre, et en faciliter la cristallisation.

J'ai eu occasion de parler ailleurs de l'extraction du sucre de la betterave, et de l'indigo du pastel; je me bornerai, en ce moment, à observer que ces découvertes forment deux des conquêtes les plus précieuses qu'on doive à la chimie, par leur utilité, et l'influence qu'elles auront, tôt ou tard, en Europe.

Avant la découverte du Nouveau-Monde, la récolte du kermès, dans le midi de la France et en Espagne, formoit un grand objet de commerce; on en retiroit la plus belle couleur pourpre qui fût alors connue: l'importation de la cochenille nous fit connoître une couleur plus brillante, quoique moins solide, et le kermès perdit de sa réputation. L'emploi de la garance dans la teinture remonte à une haute antiquité; Pline a décrit son usage et les moyens de s'en servir; il paroît même, d'après ce qu'il rapporte, que cette couleur n'a pas reçu de bien grandes améliorations en arrivant jusqu'à nous; mais, de nos jours, MM. Gonin, habiles teinturiers, sont parvenus à donner à la couleur de garance l'éclat et la solidité de l'écarlate de cochenille. J'ai vu teindre, tant à Paris qu'à Lyon, dans les ateliers des auteurs de cette découverte, vingt-deux pièces de draps en écarlate de garance, et les essais comparés que j'ai faits sur la couleur m'ont prouvé qu'elle étoit aussi brillante que celle de la cochenille, et qu'elle avoit, sur celle-ci, l'avantage de ne s'altérer ni par la pluie ni par la sueur.

Ainsi, la découverte du Nouveau-Monde avoit fait presque disparoître de la France plusieurs genres de culture très-importans, tels que ceux du pastel et du kermès; mais la chimie dégage peu à peu la France de cette dépendance, et la rétablit dans ses possessions primitives; elle lui fournit déjà les moyens de s'affranchir de l'importation du sucre, de l'indigo et de la cochenille; et, lorsque la France le voudra, elle enrichira son agriculture des deux premiers produits, et remplacera le troisième par une plante indigène.

On savoit depuis long-temps, qu'en mettant une peau en contact avec la poudre de l'écorce de chêne ou de tout autre astringent du règne végétal, la peau changeoit de nature, et qu'au bout de quelque temps elle étoit rendue inaltérable, incorruptible, plus dure et plus pesante; mais on ignoroit la cause de ce changement.

Sans doute la connoissance du fait suffisoit pour approprier les peaux aux usages de la société, mais la connoissance de la cause devenoit nécessaire pour pouvoir maîtriser et perfectionner cette opération.

A l'époque où la France se vit contrainte

de former quatorze armées pour résister à l'Europe qui la menaçoit sur toutes ses frontières, elle éprouva de grands besoins pour armer et équiper ses soldats : les moyens de fabrication ordinaires ne suffisoient plus, il fallut en créer ; les savans furent mis en réquisition ; les hommes de tout rang, de tout état, furent appelés dans les ateliers. Paris devint un arsenal militaire d'où il sortoit quinze mille fusils par jour et trente-cinq milliers de poudre, fabriqués par des procédés plus expéditifs que les anciens. Les nombreuses tanneries que possédoit la France ne pouvoient pas fournir à l'immense consommation des peaux et des cuirs : M. Seguin fit connoître la nature du principe tannant ; et, dès ce moment, on put rendre le tannage plus prompt. Cette opération, qui jusque-là n'étoit qu'une routine, a reçu ses principes de la chimie ; et la tannerie est aujourd'hui un de nos arts les mieux connus.

Les préparations qu'on fait subir aux peaux d'agneaux, de chèvres, de moutons, de daim, etc. pour les approprier à nos usages, et qui constituent l'art du chamoiseur et celui du mégissier, etc., sont devenues l'objet de nouvelles recherches, et la chimie les a soumises toutes à des principes sûrs, en même temps qu'elle en a perfectionné les opérations.

L'art d'apprêter les peaux tannées et de leur donner la couleur, le poli et la souplesse qu'exigent leurs différens usages, a fait aussi des progrès considérables; ces progrès ont influé d'une manière avantageuse sur nos ouvrages en sellerie, cordonnerie, etc. Les établissemens de Pont-Audemer et ceux de Paris, se distinguent, surtout, par la beauté de leurs produits. MM. Nebel, Thomas, et autres fabricans, fournissent au commerce des cuirs parfaitement imperméables à l'eau.

Nous devons compter, parmi les acquisitions de notre industrie, la fabrication du beau maroquin qu'on avoit constamment importé du Levant : les premières fabriques qui se sont établies en France, sont celle de MM. Fauler Kemph et compagnie, à Choisy-sur-Seine, et celle de M. Matter à Paris. Les maroquins préparés dans ces deux établissemens réunissent toutes les qualités que comporte ce genre d'industrie, et rivalisent, pour le prix, avec tout ce que le commerce nous avoit fourni jusqu'ici de plus parfait.

Papin avoit demontré, depuis long-temps, qu'à l'aide d'une excessive chaleur on pouvoit reduire les os en bouillie : MM. Darcet père et Proust s'étoient occupés, avec beaucoup de succès, de cette partie de l'économie domestique. Plus récemment M. Cadet-Devaux a prouvé que, par la simple ébullition des os concassés, on pouvoit en extraire une grande quantité de bonne matière alimentaire, très-économique, et il a employé tous les moyens qu'un philanthrope zélé peut mettre en usage pour enrichir la société de cette puissante ressource. M. Darcet le fils a repris ce travail; au lieu de se borner à l'ébullition des os qui n'extrait qu'une foible partie de la gélatine qu'ils contiennent, il a préféré dissoudre les os par l'acide muriatique très-affoibli, pour en obtenir la totalité du principe nutritif. Le bas prix auquel les fabriques de soude ont fait descendre l'acide muriatique, et la grande quantité qu'elles en produisent, ont rendu l'opération aussi facile qu'économique.

Cent kil. d'os fournissent, par le procédé de M. Darcet, trente kil. de gélatine sèche :

la gélatine est imputrescible dans cet état; elle donne des gelées tout-à-fait inodores, de manière qu'on peut les aromatiser comme on veut; on en fait des tablettes de bouillon, de la colle de même qualité que celle du poisson, avec une différence énorme dans le prix, et elle la remplace avec le plus grand avantage pour l'apprêt des étoffes, le collage des vins et de la bière, la fabrication des perles fausses, etc.

Cette gélatine donne la colle la plus belle et la plus tenace qu'on connoisse. On en fait de la colle à bouche de première qualité, des feuilles transparentes pour calquer les dessins, des pains à cacheter transparens, des feuilles de corne factice, etc.

En tannant la gélatine on la convertit en écaille factice, tout-à-fait semblable à l'écaille rouge qui coûte si cher. Cette dernière propriété peut donner lieu à un nouveau genre d'industrie très-important.

Mais le point le plus intéressant de cette heureuse application de la chimie, c'est de fournir, à bas prix, une quantité prodigieuse de matière alimentaire pour la classe peu fortunée de la société. M. Darcet a calculé qu'en traitant, par cette méthode, tous

les os de vaches, de bœufs et de veaux qu'on
égorge à Paris, on peut fournir journellement six cent mille rations, qui conver-
tiroient douze cent mille soupes aux légumes, en soupes grasses. Les expériences
qui ont été faites dans les hôpitaux, pendant
plusieurs mois consécutifs, ont prouvé que
cette nourriture étoit aussi saine qu'économique.

On voit par cet exemple, que la chimie
ne se borne pas à éclairer les arts et à en
hâter les progrès; elle embrasse, dans ses
applications, tous les besoins de la société;
et, lorsque cette science sera plus répandue,
elle étendra ses bienfaits sur tout ce qui intéresse le bien-être de l'homme et la prospérité des nations. Les gouvernemens ne
l'invoqueront jamais en vain, la preuve en
est acquise par les prodiges qu'elle a opérés
de nos jours.

En parlant des heureuses applications de la
chimie à des objets qui intéressent si puissamment les besoins de la société, nous ne devons
pas omettre la précieuse découverte de M. Ap-
pert, qui est parvenu à préserver les sucs
des fruits, le lait, les légumes, etc. de toute
décomposition, en les exposant, dans des

vases clos, à la chaleur de l'eau bouillante.
Les expériences qui ont été répétées de toutes
parts, ne laissent aucun doute sur la bonté
de cette méthode.

L'emploi du poil des peaux d'animaux
dans la chapelerie présentoit des inconvéniens qu'on n'avoit jamais pu vaincre : ce
poil est composé d'un duvet très-fin, de
longs brins plus grossiers qui le recou-
vrent et qui ont une couleur différente
presque toujours plus foncée. Ces deux
qualités de poil ne prennent point la couleur au même degré et se feutrent inégalement : le plus long donne de la rudesse au
maniement du chapeau, et fait saillie hors
du feutre : depuis long-temps les fabricans
désiroient pouvoir séparer ces deux sortes
de poils; et, dans l'impossibilité où ils étoient
d'opérer cette séparation, ils arrachoient le
jarre et *écorchoient* les chapeaux; M. Malatre
a trouvé ce moyen : les chapeaux qu'il a
présentés à la Société d'encouragement, ont
une telle supériorité, qu'on ne peut les comparer aux anciens ni pour la finesse ni pour
la couleur. Son procédé, qui paroît simple,
portera dans l'art de la chapelerie le plus
grand perfectionnement qu'il eût à désirer.

C'est surtout dans la fabrication des produits employés dans les arts que la chimie a fait les plus grands progrès ; les services qu'elle a rendus à cet égard, sont d'autant plus importans, que ces préparations forment la base de l'industrie manufacturière, et que nous étions tributaires de l'étranger pour le plus grand nombre.

Cette fabrication de produits chimiques est parvenue à un tel degré de perfection, que nous n'avons plus à craindre de concurrence, ni pour le prix ni pour la qualité ; et, si quelques-uns éprouvent encore de la défaveur dans le commerce, cela tient à ces différences de localité et de position qui influent si puissamment sur la répartition de l'industrie entre les peuples.

Il y a trente-six ans, on ne connoissoit en France que trois fabriques d'acide sulfurique, l'une à Rouen, l'autre à Javelle, près Paris, et la troisième, que j'avois formée à Montpellier : alors l'usage de cet acide étoit borné ; mais les progrès des arts l'ont si fort étendu, que, depuis cette époque, on a formé des établissemens de toutes parts, et sa fabrication est devenue un genre d'industrie très-important pour la France.

Les améliorations qu'on a successivement introduites dans les ateliers d'acide sulfurique, ont fait baisser le prix de ce produit à tel point qu'on a pu l'employer dans un grand nombre d'opérations où son usage étoit inconnu. Ces améliorations sont telles, qu'on retire aujourd'hui, par la combustion de la même quantité de soufre, un tiers d'acide de plus qu'on ne faisoit autrefois. La théorie ingénieuse que MM. Clément et Désormes ont donnée de cette fabrication, n'a pas peu contribué à la perfectionner.

Cette branche d'industrie est aujourd'hui une des plus parfaites que possède la France; on peut même dire qu'elle est arrivée à sa perfection, puisque, d'après l'analyse connue de l'acide qui est obtenu, il est prouvé qu'il n'y a pas un atome de soufre perdu dans l'opération. Les étrangers sont encore loin de pareils résultats.

L'acide muriatique n'étoit préparé autrefois que dans les laboratoires, et son usage étoit presque nul dans les arts : depuis la découverte de la décomposition du sel marin pour en extraire la soude, on le produit en si grande quantité qu'il est impossible d'en employer la totalité : et les fabricans de

soude se sont vus forcés de diriger les vapeurs acides dans des souterrains, ou de les
perdre dans des puits profonds, pour ne
pas brûler les récoltes, et incommoder les
voisins, par ces nuages de vapeurs d'acide
muriatique qui s'élèvent de leurs fourneaux.

Comme la décomposition du sel marin
s'opère dans des fours à réverbère où le
courant d'air se mêle avec les vapeurs acides
et les emporte au dehors, il étoit difficile
de les condenser pour obtenir l'acide muriatique ; mais nos chimistes ont trouvé le
moyen de vaincre cette difficulté, et cet
acide est aujourd'hui recueilli en si grande
quantité, qu'il n'a presque plus de valeur
dans le commerce : c'est ce qui fait qu'on
peut en multiplier les usages. La plus grande
consommation de cet acide a lieu dans les
blanchisseries où on l'emploie à former le
chlore avec lequel on blanchit le lin, le
chanvre et le coton; c'est encore le très-
bas prix de cet acide qui favorise l'extraction de la gélatine des os dont nous avons
déjà parlé.

La fabrication des acides nitrique et
nitro-muriatique dont on fait un si grand

usage dans les hôtels des monnoies, dans
les ateliers de teinture et de chapelerie, a
reçu de grands perfectionnemens : au lieu
de décomposer le salpêtre dans des vases
de poterie ou de verre comme on le faisoit
autrefois, on emploie de grandes cornues
de fer de fonte qui donnent plus de produit
avec économie de combustible, et qui servent long-temps pour la même opération.
Au lieu d'employer les terres ochreuses et
bolaires pour séparer l'acide de sa base, on
se sert de l'acide sulfurique qui réunit un
double avantage : le premier, de dégager
plus promptement et plus facilement l'acide
nitrique; le second, de former, avec la base
alkaline du salpêtre, du sulfate de potasse
qu'on vend aux fabricans d'alun pour opérer
la cristallisation de ce sel.

Le bas prix auquel la chimie est parvenue
à livrer ces acides au commerce, a fait une
révolution dans les arts, non-seulement
parce que les fabricans ont pu diminuer le
prix de leurs produits dans la même proportion, mais encore parce qu'ils en ont multiplié les usages, et que, dans plusieurs
opérations, on a remplacé des agens dispendieux par l'action de ces sels : c'est ainsi

que la perfection d'un art amène celle d'un autre, et que tout se lie dans l'industrie manufacturière.

La découverte d'un grand nombre d'acides que la chimie a faite de nos jours, n'a paru d'abord intéresser que les progrès de la science; mais les arts se sont bientôt emparés de leurs propriétés et en ont fait les plus heureuses applications. C'est ainsi que les fabricans de toile peinte se servent avec avantage de l'acide oxalique pour enlever le mordant de fer sur quelques parties de leurs toiles et y former des *réserves ;* c'est ainsi que l'acide muriatique oxigéné est devenu l'agent du blanchissage du lin, du chanvre et du coton ; que la fumée condensée du bois qu'on charbonne a remplacé le vinaigre dans tous ses usages, et que MM. de Puymaurin et Klaproth ont employé l'acide fluorique pour graver sur verre. Aujourd'hui la confiance la plus entière unit le fabricant et le chimiste ; le premier échange chaque jour le fruit de sa pratique contre les lumières et les conseils du second, et appuyés l'un par l'autre, ils marchent d'un commun accord vers la perfection de l'industrie.

Nous tirions de l'étranger, il y a trente ans, presque toutes les soudes que réclamoient les besoins de nos savonneries, verreries, blanchisseries, buanderies, teintureries, etc. Ce sel étoit connu sous diverses dénominations, selon le pays ou la plante qui le fournissoit, selon la qualité et la forme qui le distinguoient: ainsi les noms de *soude*, de *bourde*, de *natrum*, de *cendres de Sicile*, de *wareck*, de *blanquette*, etc., expriment des variétés de soude appropriées à divers usages, d'après leurs divers degrés de pureté; la consommation en est immense, et nous en importions pour environ cinq millions par an.

M. Leblanc a affranchi la France de ce tribut annuel; il nous a appris à extraire la soude du sel marin, et il a formé, à Saint-Denis, le premier établissement de ce genre. Ses succès ont été d'abord contrariés par les habitudes et les préjugés; les fabricans ont repoussé ses produits; le commerce fondé sur l'importation des soudes étrangères l'a combattu de tous ses efforts; les orages de la révolution lui ont fait perdre ses capitalistes, et le malheureux auteur de cette importante découverte, s'est vu réduit à la misère.

Peu d'années après, la guerre générale, que nous avons eue à soutenir contre l'Europe, a tari nos approvisionnemens, et l'on a été forcé de recourir au procédé de M. Leblanc pour se procurer la soude nécessaire à nos besoins. De grands établissemens ont été formés sur toute la surface de la France; on a perfectionné les opérations, on a simplifié les moyens, à un tel point, que la soude, qui se livroit au commerce dans les premiers momens de besoin, à raison de 80 à 100 fr. le quintal, est tombée à 10 fr.

La chimie ne s'est point bornée à extraire la soude du sel marin : elle a formé des ateliers pour la purifier et l'approprier à tous les usages; on la vend aujourd'hui d'après le degré de pureté auquel on l'a portée, et chaque fabricant peut s'assortir de la qualité la plus convenable à son genre d'industrie.

Cette belle conquête de la chimie me paroît d'une extrême importance sous bien des rapports : 1°. Elle nous affranchit du joug de l'étranger pour un objet qui forme la matière première de plusieurs arts. 2°. Elle enrichit la France d'une main d'œuvre considérable. 3°. Elle conserve un peu de valeur au sel de nos nombreuses salines, qui se sont tellement multipliées, que leur produit dépasse les besoins de la consommation ordinaire, et n'auroit presque plus d'écoulement sans les fabriques de soude. 4°. L'abondance et le bas prix de l'acide muriatique qu'on extrait dans ces fabriques en a rendu l'usage plus commun.

C'est donc une industrie que le gouvernement doit continuer à protéger, en prenant toutes les précautions convenables pour que le sel dirigé vers les fabriques de l'intérieur ne soit pas détourné de sa destination. Le droit le plus léger, mis sur le sel employé dans ces établissemens, y rendroit l'exploitation impossible d'après le bas prix auquel la soude est tombée ; il paralyseroit, à pure perte pour le trésor, cette fabrication, et détruiroit tous les autres avantages qu'en retire la société, en même temps qu'il anéantiroit les capitaux productifs versés dans ces entreprises.

L'ammoniaque (alkali volatil) n'avoit aucun emploi dans les arts ; aujourd'hui on s'en sert avec succès dans les teintures en soie, pour aviver, nuancer et *tourner* quelques couleurs. M. Raymond en a tiré un parti très-avantageux pour foncer la couleur du bleu de Prusse qu'il a trouvé le secret de fixer sur la soie.

Jusqu'à ces derniers temps, l'alun, dont on fait un si grand usage dans les arts, surtout dans la teinture et la préparation des peaux, avoit été tiré des entrailles de la terre ; mais la chimie a voulu le composer, *de toutes pièces*, par la combinaison directe de ses principes constituans, et en faire un objet de manufacture ; elle y est parvenue. Je crois être le premier qui aie réalisé ce projet ; mes établissemens ont fourni au commerce de l'alun ainsi fabriqué pendant long-temps. Aujourd'hui cette fabrication s'est répandue, et les produits de ces ateliers concourent avantageusement, pour la qualité et le prix, avec l'alun de mine le mieux raffiné.

Comme l'alun de mine n'a pas partout la même qualité, il importoit beaucoup de savoir à quoi tenoit cette différence : et c'est ce qui a été déterminé par les recherches de MM. Thénard et Roard. Ces deux habiles chimistes ont donné le moyen de porter, à peu de frais, tous les aluns au même degré de pureté : leurs travaux n'ont pas peu contribué à en améliorer la fabrication.

L'exploitation des mines de couperose dans le Soissonnois, laisse pour résidu une grande masse d'alun impur qui, dans cet état, ne peut servir à aucun usage. MM. Clément et Désormes ont formé un très-bel établissement à Berbery, pour le raffiner : les moyens qu'ils emploient ont avancé cette partie de la science ; l'alun qui sort de leurs ateliers est très-estimé dans le commerce.

Ainsi l'alun, que la France importoit de toutes les parties de l'Europe, se fabrique aujourd'hui dans son intérieur, et c'est à la chimie qu'elle doit d'être délivrée de ce tribut onéreux.

Il en est de la couperose comme de l'alun : autrefois on en importoit une grande quantité ; le peu de mines que nous exploitions ne fournissoient même pas une qualité égale à celle que nous tirions d'Angleterre : la chimie a fait connoître la cause de cette différence ; elle a fait plus, elle a fourni les moyens de composer ce sel de toutes pièces, et sa fabrication ne laisse presque plus rien à désirer. M. Bérard prépare, dans ses ateliers de Montpellier, une excellente couperose qui suffit à la consommation du midi.

Jusqu'à ces derniers temps, la fabrication du sel ammoniac n'avoit point été pratiquée en Europe : tout le sel qui étoit employé dans nos arts nous étoit apporté d'Égypte, où on le prépare par la sublimation de la suie qui provient de la combustion de la fiente des animaux nourris de plantes salées. On a tenté, à diverses époques, de le fabriquer chez nous : M. Baumé nous a même laissé, à ce sujet, une suite de travaux importans ; on a essayé de le former en brûlant des matières animales mêlées avec du sel marin ; mais tout cela n'avoit produit que de foibles résultats, lorsque M. Dizé conçut le projet de le composer par la combinaison directe de l'ammoniaque que produit la distillation des matières animales, et des vapeurs d'acide muriatique : un établissement formé à Saint-Denis, d'après ces principes, n'a eu qu'une courte existence à cause des orages de la révolution.

MM. Pluvinet, Payen et Bourlier ont repris ce travail, et sont parvenus, par des procédés nouveaux, à fabriquer le sel ammoniac, en assez grande abondance pour suffire aux besoins de la France, et en exporter une partie. Leurs établissemens, placés près de Paris, sont approvisionnés par les nombreux débris de matières animales que fournit cette capitale.

Une des premières opérations, qui consiste à décomposer le carbonate d'ammoniac par le sulfate de chaux (plâtre), produit du sulfate d'ammoniac dont on vend une partie aux fabricans d'alun pour faire cristalliser ce dernier sel, tandis que l'autre est décomposée par le sel marin pour former le sel ammoniac.

Les débris des pains de sel ammoniac, permettent à ces fabricans d'en extraire l'ammoniaque en grand et avec économie. Le résidu de la distillation des matières animales forme le charbon qu'on emploie aujourd'hui, avec tant d'avantage, dans les raffineries de sucre.

La chimie, en créant l'art de la fabrication du sel ammoniac, a donné de la valeur à des substances qui n'en avoient aucune auparavant. Les matières animales qu'on emploie étoient rejetées comme ne pouvant servir à aucun usage ; aujourd'hui elles sont très-recherchées : les fabriques de gélatine et celles de sel ammoniac s'en disputent l'emploi. C'est ainsi que la chimie, en étendant son domaine, crée des valeurs, et fait tout concourir à l'utilité générale.

Jusqu'au commencement de ce siècle, la Hollande, l'Angleterre et l'Allemagne sont restées en possession de nous fournir toute la quantité de blanc de plomb et de céruse que nous employons pour la couverture des poteries, et dans la peinture à l'huile et à la détrempe : la chimie a voulu nous enrichir de cette fabrication ; et, au lieu d'imiter les procédés connus qu'on pratique dans les pays étrangers, elle en a créé de nouveaux, qu'elle a fondés sur la connoissance parfaite des principes constituans de ces produits. Un prix proposé par la Société d'encouragement donna lieu à ces nouvelles recherches, et ce fut à MM. Bréchoz et Leseur, qui avoient formé le premier établissement à Pontoise, qu'il fut décerné.

Depuis cette époque, M. Roard a établi, d'après les mêmes procédés, une immense

fabrication de céruse et de blanc de plomb
à Clichy : les premiers produits qui sont
sortis de ses établissemens, quoique plus
beaux et plus blancs que ceux des fabriques
étrangères, furent d'abord repoussés par
une partie des consommateurs, surtout par
les peintres en bâtimens qui, accoutumés à
n'employer que ceux de Hollande ou d'Angleterre, trouvoient que ceux de Clichy ne
foisonnoient pas ou ne couvroient pas autant.
M. Roard a vaincu toutes ces difficultés en
améliorant les procédés ; et, aujourd'hui, la
supériorité de son blanc de plomb et de ses
céruses est incontestable.

Les céruses fabriquées par les anciennes
méthodes, présentoient constamment des
nuances d'un gris sale qui en bornoient
les usages ; ce vice étoit inhérent à la méthode suivie d'entourer de fumier les vases
qui contiennent le vinaigre et les lames de
plomb ; on ne connoissoit que le blanc de
Kremnitz qui fût exempt de ce défaut,
parce que la vapeur du vinaigre et de l'acide
carbonique est développée par la température à laquelle on porte l'intérieur de l'atelier, et que dans ce cas il n'y a plus d'éma-
nation de gaz hydrogène sulfuré qui puisse

altérer la couleur ; mais le prix de cette préparation en restreignoit l'emploi à la peinture sur toile. Dans le nouveau procédé, le
blanc de plomb et la céruse sont toujours
d'une blancheur parfaite, et on peut les
livrer au commerce aux mêmes conditions
que ceux des fabriques étrangères.

Il y a vingt-cinq ans qu'en décomposant
le muriate de plomb par l'acide sulfurique,
et le sulfate qui en provient, par le carbonate
de soude, j'ai entretenu une fabrication de
céruse et de blanc de plomb pendant trois
ou quatre années ; je présume qu'on pourroit reprendre cet objet avec avantage, et
tirer ainsi parti des résidus de sulfates de
plomb qui se produisent si abondamment
dans les ateliers de toile peinte, et dans les
fabriques d'acide sulfurique.

La fabrication du sel de saturne dont on
fait un grand usage dans les arts, surtout
pour l'impression sur toile, étoit livrée à
un procédé de routine qui se perpétuoit
dans le midi depuis des siècles : la chimie
s'est emparée de cette opération, et en a
tellement perfectionné les procédés, qu'on
ne peut plus les comparer aux anciens , ni
sous le rapport de la simplicité, ni sous celui

de la qualité des produits. J'ai publié dans ma *Chimie appliquée aux arts* les méthodes que j'ai suivies dans mes ateliers ; mais, depuis la découverte du vinaigre de bois, on a lié cette fabrication à l'extraction de cet acide, et on obtient des résultats supérieurs par la facilité qu'on a d'employer un acide qui est plus concentré que n'est le vinaigre de vin.

La fabrication du minium n'étoit point pratiquée en France : aujourd'hui les fabriques de M. Roard, à Clichy ; de M. Pécard, à Tours ; de M. Dartigues, à Bacara, et de plusieurs autres, fournissent à tous nos usages.

Les diverses préparations de mercure que nous tirions presque en entier de la Hollande ou des mines d'Ydria, et dont quelques-unes, telles que le cinabre et le sublimé corrosif, sont employées en partie dans les arts, se fabriquent aujourd'hui en France.

M. Thénard a fait connoître une préparation de cobalt qui peut remplacer l'outre-mer dans la plupart de ses usages et à bien plus bas prix. M. Dumont a perfectionné cette découverte, et fournit aujourd'hui cette belle couleur bleue à tous nos peintres sur porcelaine.

M. Vauquelin a découvert un nouveau métal qu'on appelle *chrome*; déjà les fabricans de porcelaine s'en servent pour produire ce beau vert qui orne leurs ouvrages.

La fabrication du savon ordinaire est depuis long-temps au moins aussi parfaite en France que dans aucun autre pays; mais nous étions tributaires de l'étranger pour les *savons de toilette* que les Anglois nous vendoient sous toutes les formes et aromatisés de toutes les manières. M. Decroos a été le premier à s'occuper de cet objet, et, à l'aide des lumières de M. Darcet, il est arrivé à un tel degré de perfection, que ses produits sont recherchés dans toute l'Europe. La réussite de cette fabrication tient à l'emploi du suif fondu à la vapeur, ainsi qu'à la pureté de la soude, et à la parfaite saturation des deux principes.

J'ai fait connoître, il y a plus de vingt ans, des procédés très-économiques pour fabriquer le savon mou qu'on emploie à dégraisser les draps au foulon; il suffit de saturer la potasse caustique avec des résidus ou débris de laine. Ces savons ont été d'abord employés avec avantage dans les ateliers de

M. Fabréguettes à Lodève, et on s'en sert
dans beaucoup de fabriques.

M. Darcet, qui a rendu de si grands services aux arts, a été encore le premier à introduire en France la fabrication des cymbales et des tam-tam que nous tirions exclusivement de l'Inde et de Constantinople.
L'analyse lui avoit constamment démontré
que ces instrumens étoient composés de l'alliage de quatre-vingts parties de cuivre sur
vingt d'étain ; mais, en formant cet alliage,
il n'obtenoit qu'un produit cassant qui ne
présentoit aucun des caractères des cymbales ; il fallut donc chercher par quel moyen
on parvenoit à changer le grain, la couleur
et l'élasticité de l'alliage : il porta à une chaleur rouge les instrumens de percussion qu'il
composoit d'après les proportions indiquées.
Dans cet état, il les plongea dans l'eau froide,
et réussit à leur donner toutes les qualités
désirables. Je ne rapporte ce procédé que
parce qu'il présente un fait très - extraordi-
naire, c'est que la trempe, qui durcit l'acier
et le rend plus cassant, produit un effet
contraire sur l'alliage du cuivre et de l'étain.
Cette découverte doit avoir de nombreuses
applications, surtout dans les arts qui

ont pour objet le travail de ces métaux.

Les cymbales qui coûtoient 5oo francs ne reviennent aujourd'hui qu'à 16 ou 17 fr.; on fabrique les tam-tam et les cymbales dans les ateliers de l'École royale des Arts et Métiers de Châlons.

M. Darcet a observé que le son de ces instrumens varie selon la chaleur de la trempe, et qu'il est d'autant plus grave qu'ils ont été trempés plus chauds dans de l'eau plus froide.

Après la trempe, on les déroche et on les passe autour pour leur donner le brillant métallique.

La découverte du platine et la connoissance de ses propriétés qui le place au premier rang parmi les métaux, avoient fait concevoir l'espérance d'en tirer un grand parti dans les arts; mais le travail en étoit si difficile, qu'on s'étoit borné à fabriquer quelques vases et outils pour les opérations délicates de la chimie. M. Bréant est parvenu à séparer, à peu de frais, les métaux qui lui sont naturellement alliés, et il l'a purifié à un tel point, qu'il l'a rendu très-malléable; dès ce moment, les artistes se sont emparés de ce métal, et en ont fabri-

qué des vases de grandes dimensions pour
la distillation, l'évaporation, les fontes, etc. ;
on les livre au commerce à moitié prix de
ce que ce métal travaillé coûtoit autrefois.
Ces procédés donnent aujourd'hui le moyen
de garnir nos ateliers et nos laboratoires,
de vases inattaquables par les acides purs
les plus corrosifs, et de creusets qui résistent au plus grand feu.

Mais c'est surtout dans les travaux qu'on
exécute sur le fer et dans les transforma-
tions qu'on lui fait subir pour l'approprier
à ses divers usages, que l'industrie a développé le plus de ressources : à l'exception
des produits qu'on fait avec le fer tel qu'il
sort de nos forges, nous étions tributaires
de l'Allemagne et de l'Angleterre pour tous
les autres.

De grandes améliorations ont été apportées dans toutes les opérations qui s'exécutent sur le fer depuis son état de minerai
jusqu'à son emploi dans les arts. La forme
des hauts fourneaux à huit pans a été remplacée par la forme circulaire, et l'élévation
a été portée à vingt-cinq pieds au lieu de
dix-sept qu'elle avoit auparavant. Cette nouvelle construction, devenue aujourd'hui

générale, est due à M. Rambourg qui l'a faite établir dans ses forges de Saint-Roch, près Couvins : on obtient, par cet heureux changement, et dans un temps donné, un produit presque double de celui qu'on avoit auparavant. On a remplacé les soufflets à cuir et les soufflets en bois par ceux à piston ou pompes à air; et il en est résulté la réforme de deux roues et de deux paires de soufflets sur trois, une grande économie d'eau, et de l'épargne dans les frais d'entretien : en outre, le vent est beaucoup mieux réglé; cette amélioration a été d'abord introduite par M. Rambourg dans les forges de Tronçais d'où elle s'est répandue. M. Aubertot a été le premier à tirer parti de la flamme perdue dans les hauts fourneaux et dans les feux d'affinerie, pour cémenter le fer, cuire des briques, fabriquer de la chaux, etc. Les méthodes de carboniser le bois se sont perfectionnées; on retire plus de charbon qu'autrefois, et en meilleure qualité, d'une quantité donnée de bois; ce qui fait que son emploi dans les fontes et l'affinage est plus économique et plus avantageux. Nous devons à M. Dufaud, maître de forges, à Grossouvre dans le département du Cher, des recherches très - importantes sur les moyens de corriger les vices du fer cassant à chaud ou à froid ; la bonté de ses procédés a été vérifiée par M. de Wendel. Ce propriétaire des forges de Moyenvre et d'Hayange, dans le département de la Moselle, ne retiroit que du fer tendre, cassant à froid ; il traite aujourd'hui sa fonte avec la houille, pour la convertir en fer, et les résultats ont dépassé ses espérances : il y trouve, 1°. Économie de combustible, quoique la houille soit tirée du pays de Nassau. 2°. Il obtient plus de fer d'une quantité donnée de fonte. 3°. Le fer n'a plus les défauts qu'il présentoit auparavant ; il est *tout nerf*, et ne casse plus à froid.

Il nous reste à propager les laminoirs pour le cinglage et l'étirage des fers ; les Anglois en font un très - grand usage ; ils économisent sur la main d'œuvre par ce moyen, et donnent à leurs fers un coup d'œil et un poli qu'on obtiendra difficilement par d'autres procédés.

Il seroit encore avantageux de substituer le charbon de terre à celui de bois pour obtenir plus de chaleur, et des produits plus parfaits ; mais cette amélioration ne peut s'introduire que là où les mines de fer sont à portée de celles de houille. Les Anglois ont été assez heureux pour trouver de riches filons de minerai de fer presque contigus à ceux de charbon de terre; de sorte que tout concourt chez eux à opérer les fontes avec autant d'économie que d'avantage.

Le premier produit qu'on obtient par la fonte du minérai de fer, constitue le fer de fonte ou le fer en gueuse : on le coule en cet état pour former un grand nombre d'ouvrages. Le fer de fonte est d'autant plus parfait qu'on l'a mieux dégagé de toutes les matières étrangères que contient le minerai, et que la fonte a été rendue plus liquide.

L'affinage de la fonte produit le *massiau*.

Le fer ainsi purifié reçoit encore, par diverses opérations, les formes convenables pour être approprié à ses nombreux usages, et est connu d'après cela sous diverses dénominations. On l'appelle *fer plat*, *carré* ou *méplat*, lorsqu'on l'a traité à la platinerie; *fer rond*, *étampé*, *carillon* ou *bandelette*, lorsqu'on l'a travaillé au martinet, et fer en *verge* ou *feuillard*, lorsqu'on l'a passé à la fenderie.

Le fer est livré au commerce dans ces divers états pour y être employé à tous les
usages : lorsque le fer est pur et sans alliage
de matières étrangères, il est doux, flexible,
et ne casse ni à froid ni à chaud : on ne peut
l'amener à cet état qu'en opérant d'abord de
bonnes fontes, et en le corroyant ensuite
avec un soin extrême dans toutes ses parties ; sans cela, il ne peut pas servir pour
quelques travaux délicats, tels que la cémentation qui produit l'acier. J'ai vu tomber
des établissemens dans lesquels on s'obsti-
noit à cémenter des fers, presque toujours
de qualité inégale, quoique provenant de
la même forge ; leurs produits se ressen-
toient de cette inégalité, et le consommateur
s'en est dégoûté ; j'ai vu moi - même des
barres de fer présenter des qualités très-
différentes sur les divers points de leur longueur, de sorte que ces barres produisoient,
par la cémentation, des aciers qui, n'étant
pas tous de même qualité, ne pouvoient
pas donner les mêmes résultats. C'est cette
différence dans les qualités de nos fers qui
a fait préférer constamment les fers de
Suède pour la cémentation ; mais, en donnant plus de soin à chaque opération, en

corroyant surtout les fers avec plus d'attention et plus long-temps, il est vraisemblable
qu'on retireroit de la plupart de nos mines
un fer égal à celui de Suède. Ceci me paroît
d'autant plus important, que tous les ouvrages qui se font avec de l'acier cémenté se
fabriquent aujourd'hui chez nous.

Nous tirions des pays étrangers, il y a
trente ans, presque tous les objets de quincaillerie et de mercerie : notre industrie
s'est tellement perfectionnée depuis cette
époque, que nous les fabriquons tous dans
plusieurs parties de la France, et que, pour
la plupart, nous n'avons plus rien à désirer
ni sous le rapport de la qualité, ni sous le
rapport des prix; il en est même plusieurs
que nous pouvons déjà offrir à meilleur
marché que nos concurrens.

Parmi les objets de quincaillerie, il en
est qui s'appliquent à nos premiers besoins, tels que les faux, les faucilles, les
scies, les épingles, les aiguilles, etc. Il y
en a d'autres qui sont de première nécessité
dans les arts, tels que les limes, les râpes,
les cardes, les alènes, les marteaux, les
enclumes, etc. Enfin, il en est qu'on peut
classer parmi les ouvrages de luxe et qui

embrassent les nombreux produits de la
bijouterie.

La fabrication des objets compris dans
les deux premières classes, quoique les
plus importans et les plus utiles, nous
étoit presque inconnue jusqu'à ces derniers
temps ; tandis que celle de la bijouterie,
bien frivole en comparaison de l'autre, étoit
arrivée à sa perfection. C'est encore la chimie qui a éclairé l'industrie, et lui a donné
les moyens de s'approprier la fabrication
de tous ces objets : je dis la chimie, parce
qu'elle seule nous a fait connoître les principes qui établissent la différence entre la
fonte, le fer et l'acier, parce qu'elle seule
nous a instruit de tous les changemens
qui surviennent dans la transformation de
ces produits, et parce qu'enfin elle nous a
appris quelles étoient les qualités que devoient avoir les fontes, le fer et l'acier pour
servir aux divers usages : la chimie a fait
plus, elle nous a enseigné à donner des
qualités ou à corriger des défauts pour approprier chacune de ces substances à l'emploi auquel on la destinoit.

Il y a peu d'années que l'on fabrique
des faux et faucilles en France : les premiers

essais que nous avons faits ont présenté les
difficultés qui accompagnent toujours l'introduction d'un nouveau genre d'industrie :
il a fallu du temps pour bien combiner
le fer et l'acier , pour bien déterminer
la trempe , et accoutumer l'ouvrier à employer constamment le même poids de matière : les premieres faux ont paru dures et
difficiles à battre ; elles étoient de pesanteur
inégale , et le commerce les a rejetées comme
très-inférieures à celles de Styrie. Aujour-
d'hui cette fabrication est établie dans plusieurs de nos manufactures ; les forges de
Doucier dans le Jura , celles de la Hutte
dans les Vosges , celles de la Moselle , et
les ateliers de M. Garrigou , à Toulouse ,
en livrent au commerce une grande quantité , et de qualité égale à celles d'Allemagne.

Depuis long-temps nous fabriquions dans
les forges de la Champagne, surtout à Pensey,
les fortes scies qu'on emploie pour scier les
pierres et les gros madriers ; mais les petites
scies dont l'usage est très-étendu nous étoient
apportées d'Allemagne. Nous en faisons, en
ce moment, une grande partie en France :
et il suffit qu'un genre d'industrie soit pra-

tique dans une forge pour qu'il se propage.
MM. Peugeot frères, d'Hérimoncourt, départe-
tement du Doubs, fabriquent des lames de
scies de tout calibre, avec une grande
perfection.

Les divers objets de coutellerie forment,
pour toutes les nations, un article considé
rable de commerce, parce que l'usage en
est général. Les manufactures de Saint-
Étienne, de Moulins, de Langres, de Thiers,
sont peut-être les plus parfaites de l'Europe
pour les objets communs. La seule ville
de Thiers, dont toute la population est
occupée aux opérations de la coutellerie,
a établi une division de travail tellement
exacte, que les divers objets qui sortent de
ses ateliers pour le service du peuple, sont
livrés à des prix si bas, qu'aucune fabrique
étrangère ne peut rivaliser avec elle. On
y trouve des couteaux à 18 sous la douzaine, des canifs et des ciseaux à 15 sous la
douzaine, des fourchettes à 10 sous la douzaine, et des rasoirs depuis 5 fr. jusqu'à 10 fr.
la douzaine. Tous ces objets ont les qualités convenables à leurs usages, et ven-
gent nos fabriques du reproche si souvent
répété, qu'on ne sait pas assortir les produits

aux facultés de toutes les classes de consommateurs (1).

-----

(1) Je me rappelle qu'après la conclusion du traité de paix qui fut signé à Amiens, entre l'Angleterre et la France, le célèbre Fox et lord Cornwallis se rendirent à Paris : j'avois ordonné une exposition des produits de l'industrie françoise dans les cours du Louvre, et je proposai à nos deux illustres étrangers de les y conduire ; ils furent émerveillés de la richesse et de la beauté des objets que présentoit cette réunion ; mais M. Fox me fit l'observation qu'on ne paroissoit travailler que pour le luxe, et qu'il ne trouvoit point ce qu'on voit partout en Angleterre, c'est-à-dire, des produits destinés à l'usage du peuple, et revêtus néanmoins de toutes les qualités désirables. Je sentis que son observation étoit juste, et je le conduisis dans la boutique d'un coutelier de Thiers, à qui je demandai les divers objets dont je viens de parler. Ce ne fut pas sans peine que j'obtins du fabricant qu'il allât les chercher dans le fond du magasin, où il les avoit relégués pour ne faire parade que de quelques fusils et de quelques instrumens de coutellerie dont il avoit soigné la fabrication. M. Fox fut étonné du bas prix et de la qualité de tout ce qu'on lui présentoit ; il en remplit ses poches, en assurant qu'il n'y avoit rien de comparable en Angleterre. De là je le fis entrer chez un horloger de Besançon, où il trouva des montres, avec boîte en argent, au prix de 13 francs ; il en acheta six, et m'avoua franchement qu'il venoit de prendre de l'industrie françoise une idée toute différente de celle qu'il en avoit eue jusque

La coutellerie fine étoit restée inférieure à celle d'Angleterre par la difficulté de la fabriquer avec un aussi bon acier que l'acier fondu des Anglois; mais aujourd'hui celle de Paris est également estimée, et on exporte une grande partie de ses produits. Ces changemens sont dus, non-seulement à l'emploi des matières de meilleure qualité, mais à l'habileté de nos artistes qui ont perfectionné toutes les opérations, et à leur goût éclairé, qui leur fait employer de plus belles formes. La France n'a plus rien à envier aux étrangers, pour la fabrication des couteaux, des rasoirs et des instrumens tranchans de chirurgie.

Les manufactures d'épingles et d'aiguilles, qui se sont formées depuis quelque temps, se perfectionnent chaque jour : la fabrique d'épingles établie à l'Aigle, dans le département de l'Orne, donne lieu déjà à un commerce de plusieurs millions; on y fait aussi des aiguilles, ainsi qu'à Paris et à Évreux; mais ce dernier article s'étoit fixé

---

alors. Qu'auroit dit aujourd'hui M. Fox, s'il avoit pu juger de nos progrès dans tous les genres, soit sous le rapport des prix, soit sous celui des qualités?

principalement à Aix-la-Chapelle, lorsque ce pays étoit réuni à la France; et il est bien à désirer que la belle industrie qu'y avoit porté M. Jecker revienne à Paris où elle a pris naissance.

Comme nos fabricans d'épingles tiroient le laiton du pays de Limbourg, séparé de la France par les derniers traités, on a craint que les manufactures ne souffrissent de ce changement; mais M. Boucher, de l'Aigle, a trouvé le moyen d'employer la blende (sulfure de zinc) à la fabrication de cet alliage; et, dès ce moment, l'importation du laiton étranger est devenue inutile.

La fabrication des limes nous étoit complétement étrangère : les Anglois nous fournissoient les petites limes qu'on connoissoit sous le nom de *limes angloises*, et l'Allemagne approvisionnoit nos ateliers des grosses limes qui portoient le nom, dans le commerce, de *limes en paille*, ou limes d'Allemagne. Les râpes provenoient, presque toutes, des fabriques qui sont au-delà du Rhin.

La France possède aujourd'hui huit à dix établissemens dans lesquels on fabrique les limes et les râpes employées à tous les usages.

La manufacture de M. Raoul, à Paris, et celle de M. Saint-Bris, à Amboise, jouissent de la meilleure réputation : la première est en possession de fournir les petites limes, les plus estimées qu'on ait encore connues dans le commerce; la seconde fabrique les limes et les râpes dans toutes les dimensions, et ses produits sont jugés comparables à tout ce que l'Allemagne et l'Angleterre avoient obtenu de plus parfait. Les autres fabriques travaillent toutes très-bien; et si leurs résultats varient quelquefois, cela tient surtout à la qualité très-variable des fers qu'elles emploient à la cémentation.

On ne fabriquoit autrefois en France que les cardes destinées au travail de la laine; aujourd'hui on en construit pour le cardage du coton, et leur fabrication est parfaite : M. le duc de La Rochefoucault, qu'on retrouve partout où les arts et l'humanité réclament des bienfaits, a créé un des premiers et des plus beaux établissemens qu'on ait faits dans ce genre; à son retour dans sa patrie, il se vengea noblement de la proscription qui l'avoit frappé, en important la vaccine et en établissant dans son château de Liancourt plusieurs genres d'industrie qui étoient ou inconnus ou peu répandus.

Il y a vingt-cinq ans qu'on ne faisoit la tôle qu'à l'aide du martinet : des règlemens prohiboient alors l'usage du laminoir : mais, en ce moment, les fabriques de tôle se sont tellement multipliées, qu'on fournit à tous les besoins, et qu'on en exporte une partie. Les laminoirs et les découpoirs ont été perfectionnés : on doit à M. Molard un découpoir parfait ; il a remplacé les cizailles par le choc de deux meules d'acier mues en sens contraire avec une grande vitesse, et qui tranchent la tôle avec autant d'économie que de succès.

L'art de vernir les tôles nous étoit presque inconnu il y a vingt ans ; il forme aujourd'hui une branche d'industrie très-étendue ; on revet la tole des couleurs les plus solides, on l'orne des dessins les plus agréables, on lui donne les formes les plus élégantes, et on en a tellement varié les usages, qu'on en fait des ornemens, des vases, des bijoux, etc. On est parvenu à imiter le marbre, le porphyre, le granit, etc., au point que l'œil ne peut pas en apercevoir la différence.

C'est surtout à M. Deharme que nous devons les progrès de cette industrie.

La fabrication de la belle tôle a fait perfectionner celle du fer-blanc ; les progrès
ont été si rapides et si étendus qu'en peu
d'années on en a formé un grand nombre d'établissemens, surtout dans nos provinces du nord. La découverte du moiré
métallique, qu'on doit à M. Allard, rend la
fabrication du fer-blanc d'autant plus importante qu'elle en multiplie les usages en
le faisant servir d'ornement pour les meubles, les bijoux et autres objets. C'est à
l'aide des acides, dont on recouvre la surface du fer-blanc, qu'on lui fait prendre
une belle couleur de nacre ; on colore ensuite la surface nacrée avec des vernis qu'on
ponce avec soin.

Les ateliers de trefilerie sont devenus si
nombreux que les fabricans de la Franche-
Comté se sont vus forcés d'en réduire le
nombre en accordant une indemnité à ceux
qui ont consenti à suspendre leurs travaux,
et que, par une convention écrite, ils se
sont partagés les heures de travail.

La manufacture des fils de fer et acier,

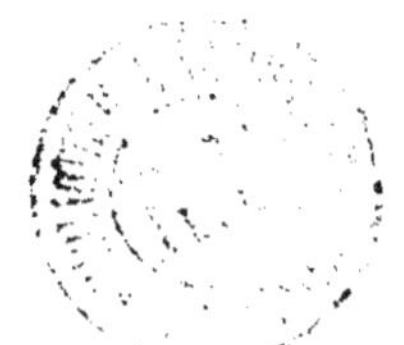

établie à l'Aigle par M. Mouchet, est portée au plus haut degré de perfection.

La fabrication des vis à bois, dont la consommation est immense, était à peine connue, il y a quelques années : M. Japy a introduit, dans ses ateliers de Befort, des procédés si économiques, des machines si parfaites, que ses produits sont supérieurs à tout ce qu'on connoissoit en ce genre : beaucoup d'autres établissemens existent en France ; ils fournissent tous aux besoins des arts, mais aucun ne peut être comparé, pour la perfection, à celui de M. Japy.

La bijouterie d'acier, pour laquelle nous étions si inférieurs aux Anglois, n'a pas fait moins de progrès : nous devons de la reconnoissance a M. Schay, qui, par un procédé ingénieux, a trouvé le moyen d'amener l'acier à un degré de malléabilité qui en facilite le travail, et qui, après avoir reçu la forme et le poli convenable, est facilement rétabli dans toutes ses qualités primitives : ce procédé procure une économie de main d'œuvre incalculable, et permet de livrer les produits au commerce à un très-bas prix.

Du moment qu'on a eu formé de grands

ateliers pour la bijouterie d'acier, on a pu
y établir une division de travail qui a diminué la valeur commerciale de ces objets, et
aujourd'hui nous pouvons concourir avec
avantage, pour la vente de ces produits, sur
tous les marchés de l'Europe. Le seul obstacle
qu'il nous reste à vaincre, c'est d'introduire
chez nous la fabrication de l'acier fondu, qui
est la matière première de presque tous les
articles de cette industrie ; nous n'en sommes encore qu'à des essais à cet égard, ainsi
que nous l'avons déjà observé, surtout pour
l'obtenir au prix auquel on le fournit en
Angleterre.

Comme il entre dans le plan de cet ouvrage de faire connoître les principales découvertes que les arts doivent à la chimie,
je ne puis me dispenser de parler de la
fabrique de crayons que Conté a créée dans
des temps bien orageux : la suspension de
nos relations avec l'Angleterre nous priva
tout à coup de tous les objets que nous étions
accoutumés à importer de cette île ; l'article
des crayons ne fut pas la moins sensible de
nos privations: notre sol ne fournissoit point
la matière propre à les composer ; il falloit
donc créer l'art en employant de nouvelles

matières, et obtenir cette variété d'effets, de formes et de couleurs qu'avoit offert jusque-là cette industrie étrangère : le gouvernement chargea Conté de résoudre ce problème difficile, et, en quelques jours, il lui présenta un assortiment de crayons qui ne le cédoient en rien à ce qu'on avoit tiré de plus parfait d'Angleterre ; il forma de suite des établissemens pour fournir à tous les besoins ; mais, satisfait d'avoir doté sa patrie d'un nouveau genre d'industrie, il se livra à des recherches d'une autre nature, et confia la fabrication des crayons à d'autres personnes pour les enrichir.

Puisque je viens de parler de Conté, on me permettra de consacrer à la mémoire de cet homme si recommandable quelques détails sur les services qu'il a rendus en Égypte : il entroit dans les vues du chef de l'expédition d'y transporter tous les arts de l'Europe ; en conséquence, des savans distingués et les artistes les plus habiles furent invités à en faire partie : on embarqua tous les outils et instrumens nécessaires pour réaliser ce projet ; la bataille d'Aboukir engloutit dans la mer tous ces objets.... Conté ne se décourage point ; il fabrique ses limes, ses ci-

seaux, ses marteaux, ses enclumes ; il se
forme un assortiment complet de tous les
outils qui lui sont nécessaires ; et au milieu
des déserts et sans aucun secours étranger,
il reproduit en Égypte l'industrie de toute
l'Europe : on éprouve le besoin de moudre
le blé, il construit des moulins à vent ; on
manque de lunettes, il compose du flint-
glass et fabrique d'excellentes lunettes ; l'armée se trouve sans vêtemens, il file la laine,
tisse l'étoffe et apprête le drap : il donne à
tout une perfection dont les manufactures
européennes eussent été jalouses. Ceux qui
savent combien il est difficile d'établir un
seul art dans toutes ses parties, concevront
à peine que Conté ait créé les plus importans dans un pays dépourvu de toutes ressources. C'est le plus grand exemple qu'on
puisse citer de ce que peut un homme de
génie avec le secours de la mécanique et de
la chimie.

De retour en Europe, effrayé de la dépense qu'exigeoient les belles gravures qui
ornent l'ouvrage sur l'expédition d'Égypte,
Conté construit une machine qui en fait les
hachures avec plus de perfection qu'on ne
peut les faire au burin, et remplace le tra-

vail de quelques mois par celui de quelques heures : tous les artistes se sont hâtés d'introduire cette machine dans leurs ateliers de gravure.

L'art de la teinture, qui n'est qu'une suite d'opérations chimiques, a dû naturellement participer aux avantages qu'ont produits les progrès de la science.

Dans son ouvrage sur la teinture, M. Berthollet en avoit ramené toutes les opérations aux principes de la chimie ; et, dès lors, les procédés qui, jusque-là, ne pouvoient être considérés que comme des recettes qu'on n'osoit ni changer ni varier, ont pu être soumis à des lois fixes, et acquérir des perfectionnemens auxquels le hasard ou la routine eut conduit difficilement.

Les mordans des couleurs ont été multipliés : on a employé avec succès le sel d'étain et le pyro-lignite de fer : le premier, pour donner plus de solidité aux couleurs brillantes de quelques végétaux ; le second, pour fixer le noir sur le coton.

Le sulfate de fer calciné au rouge a produit de plus belles couleurs que le sulfate ordinaire : il y a vingt ans que j'ai établi cette supériorité, en appliquant ce sel à la fabrication du bleu de Prusse, de l'encre et de la teinture en noir.

On est parvenu à produire sur la soie, les belles nuances *hortensia*, par le moyen de l'ammoniaque.

M. Raymond a trouvé un procédé pour fixer la belle couleur du bleu de Prusse sur la soie : ce procédé a été généralement adopté à Lyon, parce que ce bleu est très-supérieur à celui qu'on obtenoit par l'indigo. On n'y connoît plus aujourd'hui cette riche couleur que sous le nom de *Bleu-Raymond*. Cette belle découverte a été le résultat d'un prix de 25,000 fr. que je fis proposer par le gouvernement.

Jusqu'à ce jour la garance n'avoit fourni qu'une couleur rouge, très-solide, mais peu brillante; MM. Gonin frères ont trouvé le moyen de lui donner tout l'éclat de l'écarlate de cochenille. Dans les belles fabriques d'impression sur toile, on est parvenu à produire des rouges de garance sur le coton presque aussi beaux que ceux qu'on donne aux fils dans nos teintures de Rouen et de Montpellier, et M. Widmer, de Jouy, a enrichi l'art d'imprimer sur toile d'un vert d'application extrêmement solide.

La teinture du coton qui, il y a trente ans, étoit à peine connue en France, où elle venoit d'être introduite par des Grecs de Smyrne et d'Andrinople, a fait des progrès immenses depuis cette époque. Non-seulement on a donné bien plus d'éclat à ce beau rouge, long-temps connu sous le nom de *rouge d'Andrinople*, mais encore on est parvenu à porter sur le coton toutes les couleurs et toutes les nuances de la teinture de la laine; les établissemens de Rouen et Montpellier sont arrivés, à cet égard, à un degré de supériorité qu'on ne peut leur contester nulle part. Des essais heureux faits à Amiens et à Montpellier nous font espérer que le fil de lin recevra bientôt les mêmes couleurs que le coton, et que, dans nos intéressantes fabriques du Béarn et de la Mayenne, on ne sera plus forcé de se servir de coton rouge, violet, etc., toutes les fois qu'on veut faire entrer ces couleurs dans la fabrication des mouchoirs et autres tissus de lin.

Dans un temps où la prohibition étoit générale pour tous les tissus de coton étrangers, notre industrie étoit parvenue à fabriquer les nankins et à leur donner les nuances de couleurs que présentent ceux de l'Inde. Cette branche d'industrie avoit tellement prospéré qu'elle livroit au commerce quinze à dix-huit cent mille pièces de nankin par an. La faculté d'importer les nankins de l'Inde, moyennant un droit d'entrée, a paralysé cette fabrication.

Le chauffage des bains de teinture à la vapeur, d'après les procédés de M. de Rumford, contribue à la beauté des couleurs, à la propreté des ateliers, et procure de l'économie, surtout dans les grands établissemens, où la même chaudière peut chauffer quinze ou vingt bains de teinture à la fois, comme on le pratique à Jouy.

La fabrication des porcelaines avoit été portée à un tel degré de perfection, qu'il y avoit peu d'améliorations à espérer; mais le haut prix de ces produits n'en formoit qu'un objet de luxe. La réputation de la fabrique de Sèvres s'est maintenue; M. Brongniart lui a acquis un nouveau mérite par la beauté et l'élégance des formes qu'on donne à tous les produits; il y a même introduit deux nouvelles couleurs qui sont fournies par le chrome et le platine; il a inventé des pyromètres ingénieux pour déterminer et régulariser les degrés de chaleur, et cet art a été soumis à des principes invariables comme les autres.

La fabrique de MM. Dihl et Guérard s'est montrée la digne émule de celle de Sèvres, et a embrassé la même nature et le même genre d'objets ; mais, à côté de ces établissemens consacrés au luxe, il s'en est formé d'autres qui ont aspiré à mettre la porcelaine à la portée d'un plus grand nombre de consommateurs. L'usage de cette belle poterie est devenue presque général : il n'y a pas long-temps qu'il existoit dans Paris vingt-deux fabriques de ce genre, et soixante dans le royaume. La plupart de ces porcelaines communes, en sortant de chez le fabricant, passent dans de nouveaux ateliers où on les revet de couleurs avant de les livrer au commerce.

Après la porcelaine venoit autrefois la faïence, qui étoit d'un usage général : cette poterie qui n'avoit reçu que de bien légères améliorations depuis que Bernard de Palissy l'avoit fait connoître en France, vers la fin du seizième siècle, a été remplacée par la poterie angloise. Nous n'avons connu, pendant quelques années, que les produits d'une fabrication étrangère ; mais nous som-

mes parvenus à l'imiter et à fournir à nos
nombreux besoins : si la couverte de cette
poterie présente encore de l'infériorité en ce
qu'elle brunit à la longue, ce n'est pas qu'on
ne puisse corriger ce défaut ; mais alors il
faut la rendre moins fusible en diminuant la
quantité d'oxide de plomb qui entre dans sa
composition, et employer plus de chaleur
pour la fondre, ce qui exige un plus grand
emploi de combustible, et entraîne plus de
dépense. C'est ici un avantage de localité que
l'abondance et le bas prix du charbon de
terre procurent aux fabriques angloises.

On a trouvé le moyen d'imprimer, à peu
de frais, sur ces poteries, les dessins les
mieux finis, et les tableaux les plus parfaits.

M. Schneider de Sarguemines nous a fait
connoître un genre de poterie qui imite le
granit, le porphyre, le bronze, etc., de manière à ce que l'œil et la main ne puissent
y trouver aucune différence. On en fait de
beaux ornemens de cheminée et des vases
très-élégans.

M. Fourmy a introduit dans le commerce
une porcelaine commune : il en revêt la
surface de couleurs très-variées dont le

fond lui est fourni par des produits volca-
niques.

Quoique la lithographie ne soit pas une
découverte françoise, elle y a reçu de si
grands perfectionnemens que nous pourrions presque la revendiquer; nous la pla-
çons parmi les conquêtes de la chimie, parce
qu'il a fallu composer, pour cet art nouveau, une encre et des crayons d'une nature
particulière.

La lithographie a été découverte à Munich,
il y a vingt ans, par M. Senefelda; M. André
d'Offenbac l'importa en France vers l'année
1802, il publia plusieurs morceaux d'écriture, de musique, et quelques dessins à la
plume assez bien exécutés ; mais, n'ayant
pas obtenu les avantages qu'il comptoit retirer de son entreprise, il vendit son brevet
d'importation à MM. Choron et Leduc, pour
la musique; et à MM. Baltar et Desmarais,
pour la gravure. La lithographie fut encore
abandonnée peu de temps après. Enfin, M. de
Lasteyrie, frappé de l'influence que pouvoit
avoir cet art sur l'industrie, établit d'abord
une correspondance avec Munich, et se dé-
cida bientôt après à aller juger par lui-même
de l'état de cet art en Allemagne. En 1812, il

exécuta son projet ; il pratiqua lui-même toutes les opérations ; il étudia les procédés dans
tous leurs détails, et revint à Paris avec les
pierres , les crayons , l'encre , les presses , et
tout ce qu'il avoit vu servir dans l'exécution.
Les événemens politiques ne lui permirent
de créer un établissement qu'en 1816. M. En-
gelman en forma un second quelque temps
après.

Les progrès qu'a faits la lithographie à
Paris , en peu de temps, ont surpassé ceux
qu'elle avoit faits en Allemagne pendant
dix-huit ans. La réunion des artistes les plus
habiles aux savans les plus distingués a porté
l'art à un degré de perfection qui le rend
capable des plus beaux résultats ; la main
de nos plus célèbres dessinateurs s'exerce,
chaque jour, sur de nouveaux sujets, et
la lithographie les reproduit avec une promp-
titude et une originalité qu'on ne peut pas
obtenir de la gravure sur cuivre. Nous devons attendre des connoissances de M. de
Lasteyrie , et de son goût pour les arts , qu'il
donnera encore à la lithographie de plus
grands développemens et de nouvelles applications.

La fabrication du cristal étoit bien infé-

rieure à celle des Anglois, avant que MM. Dartigues et du Fougerais la portassent au point
où elle est arrivée dans les établissemens de
Vonèche, de Bacara et du Creusot. Nous n'a-
vons plus rien à désirer, ni sous le rapport
de la couleur et de la pureté, ni sous celui
des formes et de la taille.

La construction de nos fourneaux a été
tellement perfectionnée dans quelques - uns
de nos ateliers, que les résultats en produits,
comparés à la quantité de chaleur qui se
dégage d'un poids donné de combustible,
ont prouvé qu'il n'y avoit presque plus de
chaleur perdue.

On est même parvenu à brûler la fumée
qui s'échappe des fourneaux, et à garantir
les ouvriers du danger des vapeurs qui sont
produites dans quelques opérations : la fonte
de plusieurs métaux, tels que le cuivre et
le plomb, la dissolution de la plupart par
les acides, l'évaporation de quelques sels,
altéroient en peu de temps la santé des
ouvriers : à l'aide d'un simple fourneau
d'*appel*, dont le tuyau s'ouvre vers le milieu de la grande cheminée de l'atelier où
s'exécutent les opérations , M. Darcet a
réussi à établir un tirage si rapide, que

toutes les vapeurs sont entraînées au dehors, et qu'on n'éprouve plus leur funeste
impression. Cette méthode est déjà employée avec un succès complet dans les laboratoires de l'hôtel des monnoies, et dans
les ateliers de plusieurs doreurs sur métaux,
de Paris ; son application deviendra bientôt
générale. Par ce moyen, aussi simple que
peu dispendieux, on conservra à la société
des hommes précieux qui mouroient, en peu
d'années, victimes de leur art. L'Académie
royale des Sciences a décerné un prix de
3,000 francs à l'auteur de cette importante
découverte. M. Ravrio, célèbre fabricant de
bronzes dorés, et long-temps témoin des
malheurs attachés à sa profession, avoit
fourni les fonds de ce prix.

Jadis les découvertes des savans restoient
stériles dans leur portefeuille ou dans les
mémoires des Académies, sans que le fabricant parût se douter que leur application
pût être utile à ses opérations : c'est ainsi
que la presse hydraulique, découverte, il y
a près d'un siècle, par Pascal, est restée
presque ignorée jusqu'à ces derniers temps
où les arts l'ont exhumée, pour ainsi dire,
pour obtenir des effets de pression qu'au-

cune autre force ne peut opérer avec le même avantage. La crainte et la méfiance séparoient des hommes qui tous dirigent leurs études vers le même but ; aujourd'hui les rapports les plus intimes existent entre eux ; le manufacturier consulte le savant, il lui soumet les difficultés qu'il rencontre, il adopte ses avis avec une entière confiance, et ils marchent, de concert, vers la perfection des arts. Il seroit difficile de fixer la limite où doit s'arrêter l'industrie, tant qu'elle sera dirigée par ce bel accord entre les lumières et l'expérience.

En parcourant les nombreuses opérations des arts, j'eusse pu prouver qu'il n'en existe peut-être pas une seule qui n'ait reçu, de la chimie ou de la mécanique, quelque amélioration ; mais j'ai voulu me borner à ce qui m'a paru le plus important, et surtout à ce qui est l'effet immédiat de l'application de ces sciences.

Les nombreux ateliers qui se sont formés en France, depuis trente ans, sont presque tous alimentés par le charbon de terre, ce qui a fait plus que tripler l'extraction de la houille depuis 1789 ; d'après un travail publié en 1794, les produits des mines de houille s'élevoient à 2,500,000 quintaux métriques. En 1815, M. Cordier, inspecteur-divisionnaire des mines, a prouvé que la moyenne de l'extraction, pendant les trois années qui venoient de s'écouler, étoit de 8,200,000 quintaux métriques provenant des seules houillères comprises dans les limites actuelles de la France. Comme le bois est encore le seul combustible employé dans nos foyers domestiques, cette différence dans la consommation de la houille établit celle qui existe, entre l'industrie de 1789 et celle d'aujourd'hui ; d'après cette base d'évaluation, les travaux de l'industrie ont plus que triplé.

CHAPITRE II.

De l'état actuel de l'Industrie manufacturière.

L'ÉTAT des produits de l'industrie manufacturière que je présente ici, a été formé, d'après les renseignemens fournis par les préfets et les chambres de commerce et de manufactures, depuis 1800 jusqu'à 1813, et vérifié ou contrôlé sur la quantité de matières premières provenant de notre sol, ou importées de l'étranger.

J'ai pris, dans tous les cas, la moyenne des résultats, pour approcher de plus près de la vérité.

Je sais bien que, dans des sujets de cette nature, on ne peut pas se flatter d'obtenir des évaluations très-rigoureuses ; mais, d'après la division actuelle de la France par départemens, et surtout, d'après la direction qu'on a imprimée à l'administration depuis une vingtaine d'années, on peut avoir des résultats très-approximatifs.

ARTICLE PREMIER.

Des Soieries.

Les fabriques qui emploient la soie pour en former des étoffes, des rubans, des bas, des étoffes mélangées de soie et de coton, des gazes, des crêpes, des tulles, des mouchoirs, etc., sont réparties sur plusieurs points de la France ; et, à l'exception de Lyon dont l'industrie embrasse toutes les parties de la fabrication, chaque pays a son genre particulier.

Nîmes fabrique des taffetas, de la bonneterie de soie, des étoffes mélangées de soie et coton , des gazes , des crêpes , et quelques tissus unis pour habillement ; en 1800 cette ville occupoit 1,200 métiers et 3,450 ouvriers ; en 1812 , 4,910 métiers et 13,695 ouvriers.

La fabrique de Tours est la plus ancienne du royaume , elle date de la fin du quinzième siècle. Cette manufacture , qui a été considérable, se borne aujourd'hui à fabriquer des étoffes pour tenture et pour meubles ; ses produits dans d'autres genres sont peu de chose. En 1812 , il y avoit 320 métiers battans , et 960 ouvriers employés.

La manufacture de Ganges et des environs, dans les Cévennes, fabrique une grande quantité de bonneterie justement renommée ; elle s'est ralentie , depuis quelque temps, par la cessation de l'exportation qu'elle faisoit de ses produits pour l'Espagne et ses colonies. En 1812 elle conservoit encore 922 métiers à bas en activité , et tout autant d'ouvriers employés.

Presque toute la rubannerie de soie se fabrique dans le département de la Loire. Le centre de cette fabrication , qui est répandue dans les campagnes , se trouve dans les deux petites villes de Saint-Chamond et de Saint-

Étienne qui donnent leur nom aux rubans. Ce commerce est immense ; et, en 1812, il y avoit 8,210 métiers battans, et 15,453 ouvriers occupés. La ville de Saint-Didier, dans la Haute-Loire, travaille pour Saint-Chamond et Saint-Étienne, et emploie 550 métiers et 1200 personnes.

La manufacture d'Avignon fait des taffetas, des satins, des lévantines, etc. ; elle occupe à ces travaux 16 à 1800 métiers, et cinq à six mille ouvriers.

Nous avons observé que Lyon embrassoit presque tous les genres ; mais c'est surtout par ses étoffes, que cette ville a acquis sa célébrité. Elle réunit dans son sein les artistes les plus distingués, les teinturiers les plus habiles ; tout y est monté et organisé pour la prospérité de cette belle industrie ; l'Europe ne présente rien qui lui soit comparable, ni pour les moyens d'exécution, ni pour la beauté et la variété des produits. En 1789, cette manufacture occupoit 7500 métiers et 12,700 ouvriers ; en 1800, 3500 métiers et 5800 ouvriers ; en 1812, 10,720 métiers et 15,506 ouvriers.

En 1786, époque de la plus grande

prospérité de la fabrique de Lyon , le nombre des métiers avoit été porté à plus de 15,000.

Ce seroit se faire une idée bien imparfaite de la fabrique de Lyon , que de la borner à donner du travail à quelques milliers d'ouvriers qui y conduisent les métiers. Une immense population a des occupations déterminées par les autres genres de travaux nécessaires à la fabrication ; et , sur cent mille habitans , il y en a au moins 80,000 dont l'existence est liée à la prospérité de la manufacture , et qui y concourent tous , depuis le choix et l'achat des soies, jusqu'aux derniers apprêts et à la vente des étoffes.

L'observation que j'applique à la fabrique de Lyon doit être étendue à tous les pays qui sont devenus des centres de fabrication , quelle que soit l'industrie qu'on y pratique.

Paris est aujourd'hui la ville où se réunissent tous les genres de l'industrie manufacturière ; celui des soieries a dû s'y établir de préférence , surtout pour les objets qui intéressent le luxe. J'ai même la conviction qu'en cultivant, à Paris , quelques branches de l'industrie , on ne peut qu'en hâter les progrès par cette étendue et cette variété de lumières qui ne se trouvent que dans la capitale.

Nous avons déjà observé que la moyenne de la récolte des cocons , calculée sur le produit de cinq années , étoit de 5,147,609 kilogrammes , qui , à raison de 3 francs le kilogramme , forment pour l'agriculture un produit de 15,442,827 fr. (1).

Ces 5,147,609 kilogrammes de cocons, produisent à la filature ,

---

(1) On trouvera peut-être que je donne aux cocons une valeur qui est au-dessous de leur cours actuel ; mais j'observerai que cette valeur est un peu au-dessus du cours ordinaire, et que, dans cette évaluation , comme dans toutes celles que j'ai fixées pour les produits de l'agriculture et de l'industrie , j'ai dû prendre la moyenne, et n'établir mes calculs ni sur les prix de quelque localité , ni sur ceux que des causes extraordinaires peuvent produire. C'est en comparant les résultats de plusieurs années , et en appréciant les frais de culture et d'industrie , qu'on peut déterminer avec précision la valeur moyenne et commerciale de tous les produits.

Cette observation doit s'appliquer à toutes les évaluations que nous avons données dans le cours de cet ouvrage.

Soie grèze..... . 278,000 kil.

Soie organsinée.. 161,000.

La soie grèze vaut, année moyenne, 50 fr. le kilogramme.

La soie organsinée, 60 fr.

La soie grèze représente donc une valeur de.................... 13,900,000 fr.

La soie organsinée.... 9,660,000

____

Total..... 23,560,000 fr.

La main d'œuvre employée à la filature et à l'organsinage, commence donc à augmenter la valeur des cocons de 8,117,173 fr. En déduisant l'année moyenne d'exportation de nos soies filées et organsinées, de celles que nous importons, il reste, à l'avantage des importations une somme annuelle d'environ 22,000,000 fr., qui, ajoutés à la valeur de 23,560,000 fr., provenant des soies indigènes filées et organsinées en France, représentent un résultat de 45,560,000 fr. formant le capital sur lequel s'exerce l'industrie.

Le blanchissage de la soie, le dévidage, l'ourdissage, le tissage, les apprêts, les bénéfices du fabricant, etc., doublent, à peu de chose près, ce capital, dans la fabrication de la bonneterie et des étoffes unies, et le triplent au moins, dans celle des produits de luxe et de la fine rubannerie; de sorte que l'industrie ajoute une valeur d'environ 62 millions. Ainsi le produit brut de la soierie est de 107,560,000 fr.

La France exporte annuellement pour environ 30,000,000 fr. de soieries; le reste est employé à la consommation de l'intérieur.

ARTICLE II.

De la Draperie.

Les fabriques d'étoffes de laine sont tellement répandues en France, surtout celles de la draperie grossière, qu'il seroit impossible d'en présenter ici le tableau; je me bornerai donc à faire connoître les centres de fabrication les plus importans, et je déduirai, de la qualité et de la quantité des laines récoltées ou importées, l'état et la valeur des tissus qui doivent en résulter.

Les manufactures de Sedan et de Louviers tiennent le premier rang, par la beauté de leurs produits. Elles n'emploient que les laines de mérinos, qu'elles avoient tirées d'Espagne, jusqu'au moment où l'importation de ces animaux précieux leur a permis de se fournir en France pour une partie de leurs besoins. Ces fabriques ont été les premières à introduire l'usage de ces belles machines, qui depuis la filature inclusivement jusqu'à la tonte et au lainage des draps, produisent des effets merveilleux, et diminuent la main d'œuvre; c'est surtout à MM. Ternaux, Decretot, et Poupart de Neuflize, que nous devons ces améliorations. Les produits de ces fabriques consistent en draps fins, casimirs, castorines, etc.

Sedan occupoit, en 1812, 18,090 ouvriers, 1,550 métiers, et fabriquoit 37,297 pièces de drap.

Louviers entretenoit à cette époque 3980 métiers : comme il s'étoit livré depuis quelque temps à la fabrication des étoffes dans les plus grandes dimensions, il ne sortoit de ses ateliers que 3680 pièces, et employoit, en proportion, moins d'ouvriers que Sedan.

La manufacture d'Abbeville, celle des Andelys et plusieurs autres, travaillent dans le même genre que celles de Sedan et de Louviers.

Depuis la suppression des jurandes et des règlemens de fabrication, les fabriques d'Elbeuf et Darnetal ont donné une extension prodigieuse à leur industrie. Au lieu d'une espèce de drap que prescrivoient les règlemens, on y connoît aujourd'hui vingt qualités différentes ; on assortit la fabrication au goût et à la fortune du consommateur, et cette manufacture a acquis une grande importance. Ses étoffes se vendent depuis 10 francs l'aune jusqu'à 35 francs, selon leur qualité ; elles portent divers noms dans le commerce tels que, Sivandoux, Wolcods, etc., et sont recherchées et estimées.

En 1812, Elbeuf comptoit 775 métiers, 7852 ouvriers, et fabriquoit 21,480 pièces de drap.

Darnetal employoit 275 métiers, 1852 ouvriers, et fabriquoit 6680 pièces de drap.

Le département de l'Aude, dont Carcassonne est le chef-lieu, est très-distingué par ses nombreuses fabriques de draperie ; elles sont disséminées dans les campagnes ; mais les villes de Carcassonne, de Montolieu, de Cenne-Monestiès, de Limoux, de Chalabre, forment tout autant de centres où se réunissent les branches de cette industrie. C'étoit là que se fabriquoit autrefois la plus grande partie des draps qu'on expédioit pour le Levant. Depuis la perte que nous avons faite de ce commerce si important pour notre industrie, la manufacture s'est ouvert d'autres routes; elle s'est adonnée avec succès à la fabrication de la draperie d'un prix moyen dont la consommation est très-considérable; elle a adopté les machines pour diminuer les frais de main d'œuvre ; par son industrieuse activité et l'abondance des laines que lui fournissent les nombreux troupeaux des montagnes voisines, elle a conservé à sa fabrication toute l'étendue que lui permettent les circonstances.

En 1812, Carcassonne entretenoit 290 métiers battans, 9000 ouvriers, et fabriquoit 12,000 pièces de drap.

Montolieu comptoit 135 métiers battans, 257 ouvriers, et fabriquoit 1830 pièces de drap.

Cenne-Monestiés employoit 95 métiers battans, 162 ouvriers, et fabriquoit 1202 pièces de drap.

Limoux avoit 250 métiers battans, 6200

ouvriers, et fabriquoit 10,834 pièces de drap.

Chalabre occupoit 50 métiers battans, 600 ouvriers, et fabriquoit 2166 pièces de drap.

La fabrique de Carcassonne a trouvé dans les laines des montagnes des Pyrénées orientales, principalement dans celles des Corbières, un degré de finesse qui les rap‑ proche de celles des mérinos ; cette manu- facture a pu dès lors fabriquer avec avantage la qualité de draperie-mifine, dont la con- sommation est assurée.

Les nombreux troupeaux que l'on élève dans les montagnes du Tarn, de l'Aveyron et de la Lozère, la population de ces pays arides disproportionnée avec les moyens d'existence, la terre qui se refuse aux tra- vaux de l'agriculteur pendant six mois de l'année, ont dû naturellement y fixer la fabrication du gros lainage ; et c'est surtout dans ces départemens et dans quelques au- tres de même nature, qu'on fabrique les grosses serges, les tricots, les cadis, les molletons, les draps croisés, les frisons, etc. Dans les habitations disséminées sur ces montagnes, chaque ménage a un ou plu‑ sieurs métiers de fabricant ; pendant les

longues soirées d'hiver, et lorsque la rigueur des frimas ne permet plus de travailler la terre, toutes les femmes cardent
ou filent la laine, et les hommes tissent
l'étoffe. C'est ainsi que se confectionne, avec
la plus grande économie, cette immense
quantité de tissus grossiers qui servent à
l'usage du peuple. La vente de ces étoffes
se fait dans les villes du voisinage, où des
marchands les achètent pour les expédier
dans toute la France et à l'étranger.

Dans le nombre de ces établissemens
ou l'industrie s'applique à la fabrication
de la draperie grossière, il en est qui
travaillent presque exclusivement pour
l'habillement des armées ; tels sont ceux
de Lodève, dans le département de l'Hé-
rault, ceux de Vire, dans celui du Calva-
dos, etc.

Il s'est établi depuis quelque temps en
France un autre genre de manufacture qui
acquiert chaque année une nouvelle activité
et d'importantes améliorations ; c'est celui
de ces tissus fins et brillans, formés avec la
laine la plus fine de mérinos, et exécutés
avec un goût et un art infinis. On fait
des schals, des voiles, des robes, des gi-

lets, etc. M. Ternaux l'aîné a beaucoup contribué à perfectionner cette nouvelle branche d'industrie ; c'est surtout à Reims qu'elle s'est établie. En 1812, il y avoit déjà 6265 métiers employés ; on y occupoit 19,965 ouvriers, et on y a fabriqué 926,864 pièces de diverses étoffes de fantaisie.

Paris s'est également emparé de cette fabrication qui y prospère et se perfectionne chaque jour.

Pour connoître toute l'étendue de l'industrie qui a pour objet le travail des laines, il faut d'abord déterminer la quantité et les qualités qu'on en récolte en France, et apprécier celles qu'on importe annuellement comme destinées à concourir à la fabrication des étoffes.

La dépouille de nos mérinos purs nous fournit à peu près 790,175 kilogrammes de laine qui, à raison de 4 fr. le kilogramme, forment un capital de..... 3,160,700 fr.

Nous possédons environ 3,901,881 kilog. de laine de métis qu'on peut estimer à 3 francs le kilog. d'après la grande variété qu'elle présente ; ce qui fait une valeur de....................... 11,705,643 fr.

Les toisons des moutons indigènes donnent au moins 33,236,487 kilog. de laine qui, à raison de 2 fr. le kilog., représentent............. 66,472,974

Total..... 81,339,317 fr.

En déduisant la quantité de laine que nous exportons de celle qui est importée, il reste à l'avantage de l'importation une valeur de 14,030,367 fr. Ce calcul est établi sur la moyenne des exportations et importations opérées pendant les trois années 1787, 1788 et 1789.

Les importations doivent être moindres aujourd'hui, par rapport à la propagation des mérinos, au croisement des races et à la diminution de notre commerce avec le Levant; on peut en réduire la somme à 12,000,000 fr.

L'industrie s'exerce donc sur une valeur de 93.339,317 fr. de laine en suint.

La première opération qu'on fait subir à la laine est le lavage ; les marchands qui font le commerce des laines, les lavent avant de les vendre au fabricant, et réalisent par ce moyen un premier bénéfice. Avant l'introduction des mérinos en France, on importoit les laines lavées, et on se bornoit à blanchir les toisons indigènes : aujourd'hui il s'est établi de nombreux lavoirs à l'imitation de ceux d'Espagne, et les marchands y blanchissent les laines pures et les laines métisses.

Le lavage des laines fines exige beaucoup de soins : on commence par trier et séparer les diverses qualités de laine que présente la même toison, et l'on en forme ce qu'on désigne dans le commerce sous le nom de laines *primes*, *secondes*, *tierces*, *kaidas*, *jaunes*, etc.

Le triage des toisons des premières races mérinos donne ordinairement 52 à 54 pour cent de laine prime, et 46 à 48 dans les autres qualités.

On lave chaque qualité séparément : les laines mérinos perdent en général 66 pour cent de leur poids au lavage.

On emballe cette laine dès qu'elle est sèche, et on la vend au fabricant : celui-ci la soumet d'abord à une opération qu'on appelle *dégraissage* ; ce second lavage fait perdre encore 15 à 16 pour cent à la laine qui en a subi un premier.

Après ces opérations préliminaires, la laine est filée et convertie en étoffe.

Ainsi, en supposant l'emploi de la laine prime, pour former une aune de drap *extra-fin* de Sedan ou de Louviers, il faut environ 6 kilog. de laine en suint.

On extrait d'abord, par le triage, 3 kilog., 4 hectog. laine prime.

Ces 3 kilog. 4 hectog., laine prime, produisent par le lavage, 1 kilog. 2 hectog., laine pure.

1 kilog. 2 hectog., laine lavée, donnent, par le dégraissage à fond, 1 kilog. de laine pure pour la fabrication.

Ce kilogramme fournit une aune de drap extra-fin de Louviers, cinq quarts.

Ainsi 6 kilog. de laine en suint produisent, après le lavage et le dégraissage, environ 1 kilog. de laine fine de première qualité, et à peu près autant en qualité inférieure.

Les draps de Sedan et de Louviers, de qualité inférieure, emploient un peu plus de laine que les extra-fins; on peut estimer cette augmentation à 2 ou 3 pour cent.

Les draps d'Elbeuf consomment, en laine, 5 pour cent de plus que ceux de Louviers. Les Calmoucks, largeur $\frac{2}{3}$, emploient en laine grossière, dite *poil*, dans l'état où cette laine se trouve dans le commerce, 1 kilog., 9 hectol., 3 décag. par aune.

Si à présent nous évaluons les frais de fabrication, nous verrons qu'ils se composent :

1°. De la *main d'œuvre* qui embrasse toutes les opérations exécutées sur la laine, depuis son extraction de la balle jusqu'à la parfaite confection du drap plié dans sa *toilette* pour être expédié et livré à la consommation ; cette main d'œuvre calculée pour une aune de drap extra-fin de Louviers ou de Sedan, s'élève à....... 12 fr. 60 c.

2°. Des *dépenses particulières*, telles que huile, savon, chauffage pour le dégraissage, séchage, presse, colle, etc.. 1 fr. 75 c.

3°. Des *dépenses générales*, usé des outils, loyer, impositions, frais de bureaux, emballages, chauffage, éclairage, faux frais, etc............. 2 fr. 50 c.

Total des frais de fabrica-

tion pour une aune de drap
extra-fin.................... 16 fr. 85. c.

En appliquant ce principe d'évaluation
aux diverses espèces de draps qui se fabriquent à Louviers, à Sedan et à Elbeuf, nous
trouverons les résultats suivants.

		Main d'œuvre.		Matières employées.		Dépenses générales.		Total des frais de fabrication.	
		fr.	cent.	fr.	cent	fr.	cent.	f.	cent.
Louviers et Sedan.	1re qualité.	12	60	1	75	2	50	16	85
	2e qualité.	11	5	1	60	2	40	15	5
	3e qualité.	10	75	1	60	2	30	14	65
	4e qualité.	10	65	1	60	2	20	14	45
Elbeuf.	1re qualité.	7	80	1	60	1	50	10	90
	2e qualité.	6	60	1	60	1	40	9	60
	3e qualité.	6	10	1	60	1	40	9	10

On voit, d'après ces états, que la laine
fait un peu plus de la moitié de la valeur,
en manufacture, d'un drap fin, attendu
qu'on n'emploie que la seule prime, et
que, dans les draps ordinaires, elle forme
un peu moins de la moitié.

Nous trouvons à peu près les mêmes résultats en appliquant nos calculs à toute la draperie forte ; ce n'est que dans quelques étoffes fines et légères que nous voyons la fabrication plus que doubler le prix de la matière première et le quadrupler et décupler dans plusieurs ; mais cette dernière industrie a pris, de nos jours, un grand développement, et nous pouvons établir en principe que 93,339,317 fr. de laine provenant de notre sol ou de l'importation, donnent une valeur en étoffes, bonneterie, couvertures, tapis, matelas, etc., d'environ 200,000,000 fr.

Nous avons observé que la France produisoit pour 81,339,317 fr. de laine en suint qu'on est obligé de laver avant de la faire servir à aucun usage. Les bénéfices du laveur peuvent être portés à dix pour cent par rapport à l'avance des capitaux qu'il emploie à l'achat des laines au moment des toisons, etc. ; ainsi la valeur des objets qu'on fabrique avec la laine, doit être augmentée de celle qu'elle acquiert par l'opération du lavage : 8,133,932 fr.

En évaluant les frais de fabrication, nous n'avons pas compris les bénéfices du fabri-

cant, qui ne peuvent pas être estimés au-
dessous de quinze pour cent, à cause des
avances d'argent, des chances des débi-
teurs, etc., ce qui fait, sur 200,000,000 de
produit, un objet de 30,000,000 fr.

Ainsi le commerce des produits de la
laine forme un total de.... 238,133,932 fr.

Si nous ajoutions à cette valeur de fabrication les bénéfices du marchand, du tailleur, etc., nous verrions qu'elle s'élève, pour
le consommateur, à plus de 250,000,000 fr.;
mais, comme dans les autres produits
de l'industrie, nous n'avons pas compris
ceux - ci, nous bornerons la valeur des
lainages de toute espèce à l'estimation ci-
dessus.

La moyenne de l'exporta-
tion de la draperie est de... 23,693,700 fr.

La moyenne des importa-
tions de.................... 2,291,333

Il reste donc à l'avantage
des exportations.......... 21,402,367 fr.

Ainsi la valeur de tous les produits de la
laine qui sont réservés à la consommation
de la France, est de....... 216,731,565 fr.

Nous ne parlerons pas de la teinture qui
augmente néanmoins la valeur de l'étoffe,

parce que nous avons consacré un article spécial à faire connoître le produit de la teinture, quel que soit le tissu sur lequel on applique la couleur.

ARTICLE III.

Des Toiles de chanvre et de lin.

Il en est de la manufacture des toiles comme de celle de la draperie : à l'exception de quelque localité où l'on fabrique en grand pour le commerce, presque partout le paysan cultive le peu de chanvre et de lin qui est nécessaire à ses besoins, et le convertit en tissus.

Les toiles fines de lin, qu'on appelle toiles de *mulquinerie*, forment un des apanages exclusifs de la France ; on les connoît dans le commerce sous les noms de batiste, linon, gaze de fil, etc. Les principales fabriques de mulquinerie sont établies dans les départemens de l'Aisne et du Nord : celle de Saint-Quentin est la plus considérable ; après celle-ci viennent celles de Valenciennes, Cambrai, Douai, Chauni, Guise, etc.

Saint-Quentin fabriquoit, avant 1790,

jusqu'à 100,000 pièces de toiles fines, de 15
à 17 mètres de long sur environ $\frac{1}{4}$ de large :
Valenciennes, 50,000 ; Cambrai, 13,000 ;
Douai, 5,000 ; ce qui établissoit un commerce
de près de cent soixante-dix mille pièces
qui, à raison de 45 fr., donnoient une valeur
de 7,650,000 fr. dont la main d'œuvre formoit la presque totalité.

Cette fabrication a diminué au moins de
moitié depuis 1789 ; et a été remplacée par
les toiles fines de coton, qu'on a sub-
stituées à celles de mulquinerie dans la
plupart de nos usages. En 1812, il y avoit
40,300 ouvriers employés, à Saint-Quentin
ou dans les environs, à ces deux genres de
manufacture.

La fabrique de dentelles emploie un fil de
lin d'une extrême finesse : quoique celles
de Bruxelles et de Malines soient les plus
belles et les plus estimées dans le commerce,
on recherche néanmoins les dentelles de Valenciennes par rapport à leur solidité. Cette
fabrication est établie sur plusieurs autres
parties de la France, comme à Dieppe, au
Puy en Velai, et à Alençon où l'on fait le
point à l'aiguille, ce qui a fait nommer ces
dernières *Point-d'Alençon.*

La Normandie réunit, à une grande variété d'industrie, celle de la fabrication des toiles. Lisieux est devenu le centre d'un grand commerce en ce genre ; ses toiles de lin sont connues sous le nom de *Cretonnes* ; elles sont estimées et d'un très-bon usage ; les autres principales manufactures sont à Yvetot, à Bolbec, à Vimoutier, etc. ; on y fait aussi des toiles damassées, des toiles rayées à carreaux, des coutils, etc.

A Domfront on fabrique 294,000 pièces de rubans et 7 à 800 pièces de serviettes ouvrées, et beaucoup de bonneterie.

L'arrondissement du Hâvre fait des toiles de lin fines et communes de 83 mètres de longueur.

La manufacture de Dieppe est aussi très-importante pour les besoins du département.

Lisieux et les communes environnantes occupent 800 métiers, 5000 ouvriers, et fournissent 4 à 5 mille pièces de toile de 89 mètres de long sur des largeurs qui varient.

Le Dauphiné est encore renommé pour ses manufactures de toiles et ses produits en chanvre ; Grenoble, Voiron, Saint-Mar-

celin, Cremieu, Mens, Bourg-d'Oisans, etc.,
en fabriquent une énorme quantité. Les
seules villes de Voiron, Mens et Bourg-
d'Oisans avoient :

En 1789, 3,209 métiers, 13,841 ouvriers,
et fabriquoient 18,500 pièces, de 80 mètres
de long sur 1 mètre 20 centimètres de
large.

En 1800, 3,308 métiers, 14,416 ouvriers,
et 19,400 pièces.

En 1812, 3,609 métiers, 16,980 ouvriers,
et fabriquoient 24,310 pièces dans les mêmes
dimensions.

Ces toiles se vendent depuis 2 fr. le mètre
jusqu'à 6 fr. ; ce qui, à raison de 3 fr. terme
moyen, a produit, en 1812, une valeur de
5,834,400 fr.

On fait encore beaucoup de toiles de lin
et de chanvre, en Bretagne : à Quentin, il y
avoit en 1812, 600 métiers qui ont donné
10,116 pièces de lin, longues de 21 mètres
sur 95 centimètres de largeur, et 4,800 de
plus petites dimensions.

Aux environs de Rennes, à Saint-Brieux,
Dinan, Vitré, Saint-Malo, Léon, on fait
des toiles à voiles, des toiles pour emballage,
des toiles rayées communes, etc. Les toiles

à voiles se fabriquent encore à Voiron, à Agen, à Mont-de-Marsan, à Marseille, à Strasbourg, etc.

La manufacture des toiles de la Mayenne est une des plus considérables que possède la France : ces toiles sont distinguées dans le commerce sous le nom de *toiles de Laval*, attendu que cette ville est le principal centre de fabrication ; elle occupe dans son sein ou dans les environs, 3 à 4000 métiers, emploie 26 à 30,000 ouvriers, et fabrique près de 15,000 pièces de 130 mètres de long, dont le prix moyen est de 4 fr. le mètre. Mayenne et Château-Gontier, qui forment les deux manufactures les plus importantes après Laval, fournissent environ 12,000 pièces par an. Ces 27,000 pièces représentent une valeur de 14,040,000 fr.

Une grande partie des toiles de Laval étoit exportée à l'étranger.

La fabrique de Lille est très-importante par le nombre d'ouvriers qu'elle occupe et l'emploi avantageux du chanvre que l'on récolte dans le département. Cette manufacture, qui se borne en général aux toiles de ménage et aux toiles pour matelas, avoit pris une grande extension dans ces

derniers temps : elle employoit en 1812,
52,150 ouvriers, et fournissoit 89,440 pièces,
tandis qu'en 1800, elle n'occupoit que
26,000 ouvriers, et produisoit 44,100 pièces.

Outre ces fabriques, la France possède
encore des manufactures bien intéressantes
de toilerie : celles du Béarn et de Chollet
sont de ce nombre ; on y fait une quantité
énorme de mouchoirs de fil, dont les qualités varient à l'infini, et dont l'exportation
étoit jadis très - considérable. Les prix en
sont si modérés qu'on y trouve de petits
mouchoirs à 6 fr. la douzaine.

Pour évaluer les produits de l'industrie
qui s'exerce sur le lin et le chanvre, il importe d'abord de savoir quelle est la valeur
de la matière première tant indigène qu'importée.

L'état moyen de nos récoltes nous présente une valeur annuelle en chanvre de
30,941,840 fr.

L'importation du chanvre et du fil étrangers, déduction faite du fil que nous exportons, est un objet de 4,757,163 fr.

Ces deux sommes réunies forment une
valeur de 35,699,003 fr.

Comme tout le chanvre n'est pas de la

même qualité et que, pour l'approprier aux divers ouvrages, il ne faut pas le préparer avec le même soin ; comme, d'ailleurs, un quart est employé à faire des cordages, un tiers à fabriquer des toiles fines, des fils et des étoffes mélangées, et le surplus à faire de grosses toiles et fils de caret, la valeur que donne la fabrication est très-différente. Si on l'emploie à des cordages, l'industrie n'augmente guère sa valeur que de deux cinquièmes ; mais, dans tous les autres usages, le peignage et la filature triplent la valeur du chanvre, par le déchet qu'ils occasionnent et la main d'œuvre qu'ils nécessitent ; le tissage y ajoute encore un tiers : lorsqu'on l'emploie à fabriquer des toiles fines, les opérations font plus que tripler le prix de la matière première : de sorte qu'en y comprenant le blanchîment, on peut poser en principe que l'industrie qui s'exerce sur le chanvre, donne une valeur triple à ce produit de l'agriculture.

Ainsi, 35,699,003 fr. de chanvre en *branche*, représentent 107,097,009 en objets manufacturés.

Il n'en est pas de même du lin ; l'industrie

donne à tous ses produits une valeur plus que double de celle du prix primitif.

Nous avons déjà vu que l'on pouvoit réduire la valeur de nos récoltes de lin, à 19,000,000 fr.

L'importation du lin, déduction faite de l'exportation, est d'environ 1,000,000 fr.

Ainsi, la quantité de lin qui est livrée à l'industrie est de 20,000,000 fr.

Nous pouvons diviser la fabrication en trois classes : 1°. celle qui a pour objet la confection des toiles de lin ordinaire ;

2°. Celle qui concerne les toiles fines, les étoffes mélangées, la bonneterie ;

3°. Les dentelles.

Dans le premier cas, le peignage, la filature, le tissage, le blanchiment, etc. , triplent la valeur du lin; dans le second, les frais de ces opérations font plus que le tripler.

Le peignage du lin offre moins de déchet que celui du chanvre ; mais la filature du premier coûte beaucoup plus que celle du second.

Dans le troisième cas, c'est-à-dire, dans la fabrication des dentelles, le prix de la matière première est nul en comparaison de celui qu'elle acquiert.

Comme la plus grande partie des produits fabriqués avec le lin appartient à la première et à la seconde classe, il s'ensuit que la valeur commerciale des tissus de lin n'excède pas 75,000,000 fr.

La valeur moyenne d'exportation prise sur 1787, 1788 et 1789, en bonneterie, dentelles, mouchoirs, batiste, linon, toiles de chanvre ou de lin, a été de 37,937,383 fr.; et la valeur d'importation, de 18,274,600 fr.; il reste donc à l'avantage des exportations 19,662,783 fr.

Je n'ai pas compris dans ces états, la fabrication des toiles et bonneterie qui a lieu dans les campagnes, pour le service de chaque ménage, et c'est au moins un objet d'un quart pour le lin, et de plus d'un tiers pour le chanvre, qu'il faut ajouter aux résultats que nous présentons ici : ce qui porte le produit de l'industrie sur le lin, à 100,000,000 fr., et celui du chanvre à 142,796,012 fr.

ARTICLE IV.

De la Papeterie.

Les débris des tissus de chanvre et de lin donnent lieu à un nouveau genre d'industrie, qui, de nos jours, a acquis une grande importance, c'est la fabrication du papier. Nous devons surtout à MM. Mongolfier, Johannot, le baron Delaitre, Didot, etc., les perfectionnemens qu'a reçus cette industrie.

Le fabricant distingue trois sortes de chiffons : le blanc, le gros, et celui qui est coloré.

Chaque sorte, arrivée en fabrique, y est d'abord triée, et subdivisée en autant de lots qu'il y a de degrés de finesse.

La plus belle sorte de chifon blanc qu'on nomme *superfin*, est évaluée à 40 cent. le demi-kilogramme, et le papier qui en provient vaut 1 fr. 20 cent.

La seconde est estimée 32 cent. $\frac{1}{2}$, et le papier 1 fr.

La troisième vaut 27 cent. $\frac{1}{2}$, et produit 75 cent.

La quatrième, 25 cent. ; et le papier, 68 à 70 cent.

Le chiffon gros se subdivise en trois sortes.

La première, qu'on évalue à 15 cent., produit en papier 5o cent.

La seconde, qu'on estime 7 cent., produit en papier 35 cent.

La troisième, qui sert à former le papier d'emballage, vaut, en chiffon, 5 cent., et donne 3o cent.

On peut appliquer au chiffon de couleur le même prix pour ses trois qualités, et le même produit en papier qu'au chiffon gros.

On sera peut-être étonné de ce que la différence de prix, entre les diverses sortes de chiffon et le papier qui en provient, ne suit pas la même progression ; mais il faut observer que le déchet est d'autant plus grand, que le chiffon est plus grossier; il est de 20 pour 1oo sur les sortes fines, et de 35 sur les plus communes : si on considère ensuite que les frais de fabrication, de collage et d'apprêt sont à peu près les mêmes pour les produits de tous les chiffons, il s'en suivra que le plus fort déchet qu'on fait sur les grossiers doit être supporté par le prix du papier.

On voit, d'après ce tableau, que la première qualité de papier triple la valeur du chiffon, et que la dernière la sextuple ; comme la plus grande consommation est en papier de moyenne qualité, on peut poser en principe, que la main d'œuvre, le collage et l'apprêt, quadruplent la valeur des chiffons.

Ainsi, les papeteries françoises, versant annuellement dans le commerce pour 21,000,000 fr. de papier, on emploie pour 5 à 6 millions de chiffons, et 15 à 16 millions en frais de fabrication ou bénéfices.

Le grand usage que l'on fait, depuis quelques années, du papier peint pour tentures, a développé un art très-important et déjà fort étendu. Ces sortes de fabriques ajoutent beaucoup à la valeur du papier qu'elles emploient, et les produits qu'elles versent dans le commerce sont un objet d'environ 10,700,000 fr.

ARTICLE V.

De la Cotonnerie.

Il y a dans ce moment, en France, environ 220 établissemens de filature de coton par mécanique, dont 60 sont des plus considérables.

On compte 70,000 métiers propres à tisser, et 10,500 pour fabriquer la bonneterie.

Les principaux établissemens de filature sont dans les départemens

	broches.
De la Seine, où l'on compte	133,448
Rhône	83,976
Pas-de-Calais	40,920
Somme	66,116
Orne	36,012
Nord	111,572
Seine-Inférieure	98,231
Oise	24,024
Seine-et-Oise	56,782
Bas-Rhin	22,428
Haut-Rhin	47,908
Maine-et-Loire	25,000
Manche	14,000
Loire	24,300
Calvados	22,250
Aisne	61,340
Aube	54,404

Les manufactures les plus importantes de tissage sont établies dans les départemens suivans :

	métiers.
Seine-Inférieure.	10,887
Somme	5,166
Nord.	10,129
Haut-Rhin.	3,643
Rhône.	7,865
Seine.	2,100
Maine-et-Loire.	2,400
Aisne.	10,740
Aube.	2,855
Hérault.	3,800

La bonneterie de coton se fabrique surtout dans les départemens qui suivent.

	métiers.
Aube.	4,190
Calvados	506
Doubs	190
Eure.	920
Gard.	1,100
Hérault	125
Pas-de-Calais.	250
Haut-Rhin	200
Somme.	439

Pour bien connoître l'état de l'industrie
qui a pour but la fabrication de tous les
objets dont le coton fait la matière première,

nous prendrons l'époque présente, la moins avantageuse de toutes celles qui ont précédé, à cause du bas prix auquel la concurrence a fait tomber tous les produits de cette manufacture.

J'écris en mai 1818, et voici quels sont, en ce moment, les prix qui forment les élémens de mes calculs.

Le coton de Fernambouc vaut.. 3 fr. 40 c. le $\frac{1}{2}$ kil.
    de la Louisiane...... 3   00
    de Géorgie........ 2   90
    du Levant......... 2   60

La filature ajoute plus ou moins à la valeur du coton en laine suivant la finesse du fil.

Les numéros employés communément à la fabrication des tissus destinés à l'impression, sont de 20 à 25 pour la chaîne et de 22 à 30 pour la *tissure* ou la trame : cette conversion du coton en fil élève la valeur dans la progression suivante :

Fil de Fernambouc dans ces nᵒˢ.. 4 fr. 70 c. le $\frac{1}{2}$ kil.
    de Louisiane.......... *id*.. 4   60 à 70 c.
    de Géorgie. .... *id*.. 4   50 à 60
    du Levant............ *id*.. 4   40

Le tissage élève la valeur des cotons filés

de 1 fr. à 1 fr. 10 cent. le demi-kilogramme.

Les numéros employés à des tissus plus fins, augmentent la valeur du coton dans le rapport suivant :

Fil de Fernambouc.... 4 fr. 80 c. à 5 fr. le $\frac{1}{2}$ kil.
    de Louisiane....... 4   80   à 5
    de Géorgie. 4   75   à 90 c.
    du Levant......... 4   50

Le tissage élève la valeur de 1 fr. 30 cent. le demi-kilogramme.

Les numéros les plus fins employés à nos usages acquièrent aux cotons les valeurs suivantes :

Fil de Fernambouc...... 5 fr. 50 à 60 c. le $\frac{1}{2}$ kil.
    de Louisiane........ 5   40 à 50
    de Géorgie.......... 5 à 5 fr. 25

Le coton du Levant ne se file pas dans ces numéros.

Le tissage ajoute à ces prix 1 fr. 50 cent. à 1 fr. 60 cent. par demi-kilogramme.

L'augmentation de valeur est à peu près la même pour toutes les sortes de coton, et le prix du fil pour trame est le même que celui pour chaîne, quoiqu'il y ait quelques degrés de finesse de plus dans le premier.

Nous ne pousserons pas plus loin ces évaluations, parce que celles que nous venons d'établir embrassent la plus grande partie des produits qu'on fabrique avec le coton, et surtout ceux qui sont le plus en usage.

On voit, d'après ces états, que dans ce moment les prix des tissus de coton doublent à peine la valeur d'achat de la laine.

Il est entré en 1817, environ 13 millions de kilogrammes de coton; ainsi en supposant un prix moyen de 6 fr. par kilogramme, à cause du déchet qu'éprouve le coton dans la fabrication, la matière première coûte au fabricant 78 millions, et l'industrie double ce capital, ce qui constitue une valeur de 156,000,000 fr. : en y ajoutant les bénéfices très-modérés du fabricant, il en résulte un commerce de 171,600,000 fr.

L'art d'imprimer les toiles de coton donne une nouvelle valeur à ces tissus : en évaluant par approximation le produit annuel de ces fabriques par le nombre de toiles qu'elles emploient, et déduisant le prix qu'elles représentent avant d'être imprimées, de celui qu'elles prennent par l'impression,

nous trouvons qu'elles augmentent la valeur du tissu d'environ 15,000,000 fr.

Dans les états d'évaluation que nous
avons présentés ci-dessus, nous n'avons pas
compris les tissus très - fins, tels que les
mousselines et quelques étoffes mélangées
de soie, la filature et les frais de fabrication élèvent considérablement la valeur
de la matière première : tous ces objets réunis forment un commerce d'environ cinq
millions.

Ainsi le commerce du coton paroît être,
dans le moment actuel, un objet de
191,600,000 fr.

ARTICLE VI.

De la Passementerie.

Nous comprenons, sous le nom de passementerie, les galons, les fleurs artificielles,
les modes, les ganses, les épaulettes, les
glands, les franges, les broderies de toutes
sortes, les boutons de fil et de laine, les dentelles d'or et d'argent, etc.

Cette industrie est plus parfaite et plus
répandue en France que dans aucun autre
pays ; elle donne lieu à une exportation

assez considérable ; celle des modes et des fleurs artificielles a été de 2,072,700 francs en 1811, et de 1,416,000 fr. en 1812.

Ici la main d'œuvre fait presque toute la valeur de quelques articles ; et dans les autres, elle quadruple, terme moyen, celle de la matière première. La passementerie, telle que je la considère ici, est aux substances qu'elle met en œuvre, ce que la bijouterie est aux métaux.

Le commerce de passementerie est un objet d'environ 5 millions pour Paris, et ce n'est pas l'estimer trop haut, que de le porter à 7,000,000 francs pour tout le royaume.

ARTICLE VII.

Des Substances métalliques.

La France comptoit en 1789, 202 hauts fourneaux et 76 forges où le minerai étoit traité à la catalane.

Elle possède en ce moment 230 hauts fourneaux et 86 forges à la catalane.

Les hauts fourneaux sont principalement situés dans les départemens

Des Ardennes................... 16

Les fourneaux à la catalane sont établis dans le Haut-Languedoc et dans le pays de Foix. Il y en a trente-six dans le département de l'Ariège, dix - sept dans celui de l'Aude, huit dans le Tarn, dix-huit dans les Pyrénées-Orientales, cinq dans les Basses-Pyrénées, etc. Ces fourneaux produisent du fer malléable, dès la première fonte, et donnent à peu près, par an, 20 mille quintaux d'acier naturel; ce qui tient à la nature du minerai qu'on travaille, et qui est fourni généralement par les mines de l'ancien comté de Foix.

Il y avoit en France, en 1789, 792 feux d'affinerie, on en compte aujourd'hui 861.

Ces feux d'affinerie existent surtout dans les départemens suivans :

Ariège.   36
Côte-d'Or. 5o
Dordogne. 7o
Isère.   18
Ardennes.   27
Jura 3o
Haute – Marne.   95
Moselle.   29
Nièvre 14o
Nord.   28
Orne.   36
Haute-Saône. 3ₐ2
Vosges.   35

Les forges produisoient, en 1789, 61,549,5oo kilogram. de fonte en gueuse, et 7,579,2oo kilogram. de fonte moulée.

Les 61,549,5oo kilog. de fonte en gueuse travaillée à l'affinerie, donnoient 46,8o5,9oo kilog. de fer marchand. Les derniers recencemens qu'on a faits du produit de nos forges ont présenté pour résultat, 99,839,093 kilog. de fonte en gueuse, et 11,687,8oo de fonte moulée.

La fonte en gueuse a produit 69,391,7oo kilogrammes de fer.

Comme une partie de ce fer, avant de

passer dans le commerce, est disposée à ses
divers usages dans des ateliers qui existent
près des forges, où ce métal reçoit une variété
de main d'œuvre qui lui donne plusieurs
degrés de valeur, par la filière, le laminoir,
la cémentation , etc. ; nous pouvons établir
un prix moyen de 32 fr. par 50 kilog., y
compris les tôles , le fil de fer, l'acier naturel et l'acier cémenté , etc. ; ce qui formeroit
un produit de 44,410,688 fr.

Les 11,687,800 kilog. de fonte moulée, à
raison de 12 fr. les 50 kilog., ajoutent à ce
produit une valeur de 2,801,072 fr. ; ce qui
forme un total de 47,215,760 fr.

Le fer sortant des forges entre dans de
nouveaux ateliers où il reçoit une nouvelle
valeur par les différens genres d'industrie
qui l'approprient à nos besoins.

Les maréchaux, les cloutiers, les for-
gerons, etc., n'élèvent en général le prix
du fer que de deux cinquièmes au-dessus
de sa valeur dans le commerce ; mais les
serruriers, qui en consomment une grande
partie, la portent beaucoup plus haut; et
pour apprécier ce que ce métal acquiert par
leur industrie, nous croyons devoir présenter ici les divers objets qu'ils fabriquent,

et établir les prix auxquels ils peuvent les livrer au consommateur.

Les ouvrages les plus grossiers que fabriquent les serruriers, sont les chaînes, les harpons, les linteaux, les barres de trémies, etc. Ces objets n'ajoutent qu'un tiers à la valeur du fer employé. Les étriers, les grilles, les équerres et pivots, etc., doublent le prix du fer ; les armatures des pompes avec balancier à volute ou volant à chaîne, le quadruplent ; les rampes à barreaux droits, les pomelles, les charnières, les targettes, les tringles, les verroux, les fiches, les sonnettes le triplent en général, et les clefs, les serrures, font plus que le sextupler.

On peut poser en principe que ces travaux réunis donnent au fer une valeur triple de celle qu'il a en sortant des forges ; de sorte qu'en supposant que l'industrie dont nous venons de parler consomme pour 40,000,000 fr. de la totalité de nos fers, elle leur donne une valeur de 120,000,000 fr.

Si, à présent, nous examinons ce que produisent les genres d'une industrie plus soignée, tels que ceux qui ont pour objet la quincaillerie, la bijouterie en acier, l'armurerie, l'horlogerie, la coutellerie, etc., qui tous

font entrer le fer et l'acier dans leurs opérations, et en emploient pour une valeur
d'environ cinq millions, on verra que le
prix de la matière sur laquelle ils opèrent,
n'est, tout au plus, terme moyen, que la
dixième ou douzième partie de la valeur des
produits ; et, en évaluant, d'après les tableaux que j'ai sous les yeux, les résultats
de ces diverses fabrications, il en résulte une
somme de 67,500,000 fr. , d'où déduisant la
valeur du fer employé, il reste, pour frais
de fabrication et bénéfices, 61,500,000 fr.

Il résulte de cet exposé, que le fer livré à
la consommation et approprié par l'industrie à ses divers usages, représente une
somme de 187,500,000 fr., à laquelle il faut
ajouter 2,801,072 fr. , provenant de la vente
de la fonte moulée, ce qui porte le produit
du fer de nos forges à 190,301,072 fr.

Nous n'avons pas compris dans les états
ci-dessus le produit de 5,696,435 fr. de fer
que nous importons, année commune, ce qui
ajoute néanmoins une valeur de 17,089,305
francs, déduction faite du prix d'achat, à celle
que l'industrie fait acquérir à nos fers indigènes , et porte la totalité du produit à
207,390,377 fr.

Antérieurement à 1790 , on importoit pour une valeur moyenne de 7,585,63o fr. en cuivre, bronze et laiton ; et nos mines de l'Ariège, du Haut-Rhin, de l'Aveyron, des Hautes-Pyrenées et du Rhône, produisoient à peu près 5oo,ooo fr. ; ce qui produisoit en totalité à 8,085,63o fr.

L'importation du cuivre avoit diminué par la réunion des pays qui en possédoient des mines, et qui fabriquoient du laiton : mais, aujourd'hui que nous sommes rentrés dans nos anciennes limites , il est à présumer qu'elle sera plus forte , parce que nos ateliers d'industrie se sont multipliés.

Le cuivre est converti en plaques ou planches, par le marteau ou le laminoir ; le bronze est coulé en statues , ou ornemens; le laiton est tiré à la filière pour former les fils nécessaires à la fabrication des épingles, des toiles métalliques, treillages, etc.

Tous ces travaux donnent à ces matières une nouvelle valeur; mais les chaudronniers, les tourneurs, les ciseleurs, les fabricans d'épingles, etc. , y ajoutent encore ; et j'estime que ces métaux, en sortant de la main de tous ces ouvriers pour passer à la consommation , ont acquis une valeur moyenne, qui est double du prix primitif, ce qui la porte à 16,171,260 fr.

La plupart des travaux qu'on exécute sur le bronze et le laiton, et plusieurs ustensiles qu'on fait avec le cuivre, élèvent à un bien plus haut degré la valeur de la matière première ; mais l'emploi qui se fait du cuivre dans la grosse chaudronnerie, en consomme la plus grande partie ; ce qui m'autorise à adopter l'évaluation ci-dessus.

En 1789, nous tirions de l'étranger pour 2,182,900 fr. de plomb ; nos mines en fournissoient pour une valeur de 534,240 fr.; total de 2,717,140 fr.

Les établissemens d'acide sulfurique, de minium et de céruse, les nombreux évaporatoires de plomb qu'on emploie dans les ateliers de produits chimiques, ont augmenté de beaucoup la consommation de ce métal, et je crois pouvoir la porter aujourd'hui au moins à un tiers de plus qu'elle n'étoit autrefois ; c'est-à-dire à une valeur de 3,622,853 fr.

En calculant les divers travaux qu'on exécute avec le plomb, et les préparations qu'on en obtient pour les arts, telles que le minium , la céruse, le plomb de chasse, etc. , l'industrie ne fait qu'ajouter un tiers à sa valeur primitive, et elle la porte à une somme de 4,830,460 fr.

Les nombreuses démolitions qui se sont opérées pendant vingt-cinq ans , ont mis dans le commerce une énorme quantité de plomb ; il en est de même de l'étain , du fer et du cuivre : de sorte qu'on ne peut pas calculer rigoureusement la consommation , par l'importation et le produit de nos mines , dans le moment actuel.

L'emploi de quelques autres métaux , tels que l'antimoine, l'étain , le platine , le mercure , le manganèse , le zinc , forment un commerce d'environ deux millions. La consommation de l'étain et du mercure est la plus considérable ; la première se porte, année commune, à 966,960 fr. , et la seconde, à 650,466 fr.

L'usage de l'étain est aujourd'hui moins général qu'autrefois : depuis qu'on ne fabrique presque plus de vaisselle avec ce métal , il est borné à former l'alliage du bronze , à composer le tain des glaces par son amalgame avec le mercure , à étamer le cuivre , à fabriquer quelques sels , à colorer l'émail, etc.

Le mercure entre comme principe dans plusieurs préparations très - importantes pour la chapellerie, la médecine, etc.; on l'emploie à dissoudre l'or pour dorer les bronzes.

En général, ces métaux ne doublent pas de prix lorsqu'on les emploie en leur état métallique ou alliés avec d'autres; seulement quand on les fait entrer dans la composition des sels, ils acquièrent, dans plusieurs cas, une valeur triple et quadruple; on ne peut en porter la valeur d'industrie qu'à deux millions, ce qui fait quatre millions pour le commerce.

L'orfévrerie, la bijouterie, l'horlogerie et les bronzes dorés, forment des objets d'industrie d'autant plus importans, que la France est celle de toutes les nations qui a porté ces arts au plus haut degré de perfection : le goût des dessins, la beauté des formes, la précision et le fini du travail font rechercher aujourd'hui ces produits, et l'exportation en est devenue considérable pour l'Amérique, le Levant et le nord de l'Europe.

L'horlogerie ne s'est établie en France que depuis le dix-septième siècle ; et c'est, en ce moment, le pays où l'usage des pendules et des montres est le plus répandu.

On estime qu'il se fabrique en France 3oo mille montres par an, tant en or qu'en argent; ces dernières forment à peu près la moitié de la totalité.

La fabrication des pendules est d'environ cinq mille par an.

En évaluant les montres d'or à 90 fr., celles d'argent à 20 fr., et les pendules à 200 fr., on trouve une valeur de 17,5oo,ooo fr.

Il entre pour environ 57 fr. d'or dans une montre, et pour 6 fr. d'argent dans celles de ce métal, ce qui fait l'emploi de 9,45o,ooo fr. de matière première : le laiton et l'acier qui forment les rouages, représentent une valeur si petite qu'on peut la négliger, et néanmoins, la valeur qu'ils acquièrent par l'industrie devient la plus considérable à cause du travail soigné que reçoivent ces métaux, surtout dans les ouvrages d'une grande précision.

L'horlogerie fine se fabrique principalement à Paris, où elle forme un commerce de 19 millions tant pour la fabrication que pour les réparations. La grosse horlogerie est établie dans les départemens du Doubs,

du Jura, de l'Ain, etc.: c'est surtout dans ces
pays qu'on dégrossit toutes les pièces qui
entrent dans les rouages ; on les livre ensuite
aux horlogers pour être polies et retra-
vaillées.

Avant 1789, on ne fabriquoit en France
que 200 mille montres ; mais le bas prix auquel elles sont tombées, les progrès du luxe,
et l'aisance qui règne dans les campagnes,
en ont répandu l'usage, et fait augmenter
la fabrication.

Les réparations que nécessitent journellement les montres et les pendules, ajoutent
encore beaucoup à l'importance de cette industrie : les nombreux horlogers établis
dans les provinces, et qu'on trouve jusque
dans les plus petites villes, ne sont guère
occupés qu'à réparer: je crois estimer au-
dessous de la réalité, en portant ce bénéfice
de main d'œuvre à 5,000,000 fr.

M. Necker évaluoit à 10,000,000 fr. la
valeur de l'or et de l'argent provenant de
notre commerce à l'étranger, employés par
les orfévres ou les bijoutiers ; cette somme
est à peu près doublée par la refonte de la
vieille vaisselle et des galons qu'on destine
au même usage

Le travail de la grosse orfévrerie n'ajoute
à peu près qu'un huitième au prix de la
matière première; mais la bijouterie, dont la
fabrication est immense à Paris, la dorure,
la broderie, prennent, par l'industrie, une
valeur auprès de laquelle celle du métal n'est
pas plus du cinquième.

Tous les états que j'ai pu me procurer de la
part de l'administration et des fabricans, me
portent à croire que l'orfévrerie emploie annuellement en France pour 16 millions d'or
ou d'argent, et la bijouterie pour 4 millions;
ce qui produit, par le travail, une valeur
commerciale de 38,000,000 fr. sur laquelle
Paris est compris pour plus des trois cinquièmes.

On compte, en ce moment, à Paris, huit
à neuf cents ateliers de doreurs sur bronze :
en comprenant les fondeurs, les tourneurs,
les ciseleurs, les doreurs, etc., cet art n'occupe pas moins de six mille ouvriers ; et
en évaluant à 40,000 fr. le produit annuel
de chaque atelier, le commerce des bronzes
dorés est un objet d'environ 35 millions.

ARTICLE VIII.

Des Substances minérales préparées par le feu
des fourneaux.

Nous comprenons sous ce titre, les verreries de toute espèce, la poterie depuis la
porcelaine jusqu'aux briques et tuiles, la
cuite du plâtre, et celle de la chaux, etc.

L'art de la verrerie en cristal et en verre à
vitre a beaucoup gagné de nos jours. La fabrication des glaces et du verre noir s'est
soutenue au même degré.

Il y a trente ans, nous importions du verre
à vitre et du cristal pour une grande partie
de la consommation; aujourd'hui notre fabrication fournit beaucoup plus qu'à nos
besoins, et nous n'avons rien à envier à
l'étranger, sous le rapport des couleurs, de
la taille et du prix. C'est surtout à MM. Dartigues et de Fougerais que nous devons les
perfectionnemens qui ont été apportés à la
fabrication du cristal : le premier avoit
formé un bel établissement à Vonèche,
qu'il a transporté à Bacara, dans les Vosges,
du moment que celui de Vonèche est devenu étranger à la France par la fixation

des nouvelles limites; le second a contribué à donner à la manufacture du Creusot la réputation dont elle jouit. La France possède en ce moment environ cent quatre-vingt-cinq fabriques de verrerie de toute espèce ; et on peut, sans exagérer, en évaluer le produit à 20,500,000 fr.

Sur cette somme le cristal peut être porté pour une valeur de 2,500,000 fr. ; le verre blanc, carreaux de vitre, gobeleterie, etc., pour 8,000,000 fr., et le verre noir, pour environ 10,000,000 fr.

Le combustible forme généralement le dixième de la valeur ; la main d'œuvre, environ le quinzième ; et la matière première, près du tiers : l'entretien des pots, les frais d'établissement et les bénéfices du fabricant, représentent le reste.

Autrefois nous avions trois genres de poterie : la porcelaine, dont le principal établissement étoit à Sévres ; la faïence, qui, depuis Bernard de Palissy qui l'avoit fait connoître, étoit devenue d'un usage général ; et la poterie grossière, qui a été constamment fabriquée sur les lieux où l'on trouve des terres convenables ; cette dernière sert aux besoins des gens de la campagne et des habitans peu fortunés des villes.

Depuis vingt-cinq ans les fabriques de porcelaine sont multipliées : celle de Dihl et Guerard travaille dans le genre de celle de Sévres , tandis que les autres fabriquent de la porcelaine blanche, quelquefois ornée de quelques filets d'or.

La porcelaine blanche destinée à recevoir des ornemens, passe dans d'autres ateliers , où on la revet de couleurs avant de la livrer au commerce.

Le bas prix auquel on peut se procurer aujourd'hui la porcelaine, en a étendu l'usage à tel point, que la consommation peut en être évaluée à environ 5,000,000 fr.

L'usage de la poterie angloise est devenu général depuis trente-cinq ans : d'abord tributaires de l'Angleterre pour ce produit de son industrie , nous nous en sommes peu à peu affranchis en l'imitant dans nos ateliers. La légèreté de cette poterie , la solidité de sa couverte, le bas prix auquel on l'a établie, ont fait disparoître la faïence ; et la classe moyenne de la société n'en emploie presque pas d'autre : les plus importantes fabriques de ce genre se sont formées dans les environs de Paris ; d'après le nombre et les développemens qu'ont pris ces établissemens en France, je puis estimer leurs produits à 5 ou 6,000,000 fr.

La poterie grossière qui fournit aux besoins des neuf dixièmes de la population, est d'une toute autre importance par le nombre de bras qu'elle occupe : on compte près de trois cents ateliers de ce genre; tous les habitans de plusieurs villages et de quelques petites villes, sont employés, sur plusieurs points de la France, à cette fabrication, dont les produits varient selon la nature des terres qu'on travaille, et la couverte dont on les revêt.

D'après les renseignemens que j'ai obtenus sur cette industrie, on peut en porter les produits à environ 15,000,000 fr.

La fabrication des briques fait encore, pour la France, l'objet d'un commerce assez étendu ; on se feroit une idée très-imparfaite de son importance, si on en bornoit l'usage à la construction des fourneaux ou au carrelage des appartemens : nous avons des départemens entiers dont tous les édifices sont construits avec ces matériaux ; et, indépendamment de cet emploi qui ne concerne que les briques proprement dites, nous comprenons dans cet article les tuiles dont on recouvre les toits dans les deux tiers de la France.

Le tableau des fabriques de ce genre qui existent en France, et la consommation qui se fait de leurs produits dans les villes où la perception de l'octroi nous a permis de la calculer, porteroient cette fabrication à 17,500,000 fr.

Nous manquons de base pour apprécier la quantité de plâtre et de chaux qu'on emploie annuellement en France; mais en partant de l'évaluation que nous avons faite dans deux départemens d'une population moyenne, on peut l'estimer de 10 à 15 millions fr.

ARTICLE IX.

Des Sels et Acides.

On compte en France soixante-cinq salines ou salins; dans le midi, on extrait le sel des eaux de la mer par l'évaporation au soleil; dans le nord, on le retire de quelques sources salées par le moyen du feu.

Pendant les années où le sel a été franc d'impôt, les salines se sont multipliées, et la consommation de cette denrée a été prodigieuse : elle s'est élevée jusqu'à produire 23 à 25 millions de francs.

Depuis le rétablissement de l'impôt, la consommation s'est ralentie à tel point, qu'elle est à peine le dixième de ce qu'elle étoit auparavant : il importe de connoître la cause de cette diminution, parce qu'elle intéresse essentiellement l'agriculture.

Lorsque le sel étoit à bas prix, l'agriculteur pouvoit en donner à ses bêtes à cornes, bœufs et moutons ; il le mèloit avec le fumier pour exciter la végétation : en Provence, on le répandoit au pied des oliviers pour leur donner de la vigueur : du moment qu'il a été grevé de l'impôt, l'usage s'est borné à assaisonner nos alimens et aux salaisons.

Dès ce moment l'agriculture a perdu un de ses plus grands moyens de prospérité : il suffit, pour s'en convaincre, de comparer l'état des animaux, auxquels on peut donner une bonne ration de sel par semaine, avec l'état de ceux qui en sont privés : ces derniers, quoique nourris avec la même quantité et la même qualité de fourrage, sont maigres, souffrans, et dévorés d'obstructions pendant l'hiver ; la peau des bœufs et des vaches est dépouillée de poil ; les toisons des moutons se détachent de l'animal et tombent par flocons, tandis que les premiers présentent tous les caractères d'une parfaite santé, et assurent à leurs propriétaires un meilleur service, et une dépouille plus avantageuse.

Si, à ce fléau destructeur de toute prospérité agricole, nous ajoutons la perte d'environ 20 millions de commerce, que produisoient les salines de plus qu'aujourd'hui, nous verrons que, de tous les impôts, il n'en est pas de plus funeste et de plus contraire aux intérêts de la nation, que celui qu'on a mis sur le sel. Sans doute il faut des impôts ; mais la science du législateur est de bien déterminer les matières imposables, pour ne pas frapper de mort les germes producteurs ; et on peut être convaincu que, de quelque manière qu'on remplace l'impôt du sel, le gouvernement méritera les bénédictions des propriétaires ruraux.

La consommation du sel se borne, en ce moment, à celle de nos usages domestiques, à la salaison des viandes, et à l'approvisionnement de la Suisse et d'une partie de l'Allemagne : l'exportation, dans ces états, est annuellement d'environ 225,537 quintaux métriques. Le Piémont, qui s'approvision-noit presque en entier de nos sels, se four-nit aujourd'hui, à ses salines de Sardaigne, pour les besoins de toute la partie du royaume qui est située au-delà des Alpes.

Les salines de Dieuze, de Moyenvic, de Château-Salins, de Saulnot, de Salins, d'Arc, de Montmorot, qu'on appelle *salines de l'Est*, produisent annuellement près de 400,000 quintaux métriques de sel, qui donnent lieu à un commerce d'environ 5,600,000 fr., en supposant la moyenne de la valeur du quintal métrique, à 14 fr.

Le produit des droits perçus par l'admi-nistration des douanes sur le sel, a été, en 1816, de 42,738,122 francs ; en déduisant 2,753,592 fr. fournis par les salines de l'est, d'après le bail passé entre le gouvernement et la compagnie qui les exploite, il reste une recette, provenant des salines du midi ou de l'ouest, de 39,984,530 fr.

L'administration des impôts indirects a perçu de son côté sur les sels, 4,475,323 fr.

D'où il résulte qu'on a soumis à l'impôt, en 1816, environ 1,500,000 quintaux métriques de sel ; ce qui fait à peine un million de produit à répartir entre les propriétaires de toutes les salines de la France, non compris ceux des salines de l'est ; tandis qu'avant l'établissement du droit, le produit étoit de 18 millions pour les premiers. Le sel est tombé à si bas prix dans les établissemens du midi, qu'il est offert, sans acheteurs, à 14 sous le quintal métrique, et que la plupart des salines sont forcées de chômer.

La fabrication des soudes donne lieu à la consommation d'environ 400 mille quintaux de sel qui produisent pour 2 à 3 millions de soude au commerce.

Ainsi on peut évaluer à 2 millions de quintaux métriques la quantité de sel qui se consomme en France, ce qui représente, pour les propriétaires des salins de l'ouest et du midi, une modique somme d'environ 2 millions de fr.

Les fabriques d'alun ont reçu un grand développement depuis que la chimie a fait mieux connoître les principes constituans de ce sel, et nous a enseigné le moyen de le composer de toutes pièces. On compte, en ce moment, vingt-un établissemens dans lesquels on extrait, purifie ou compose l'alun ; et la valeur commerciale de celui qui se fabrique en France, est au moins de 6 millions.

Ce que nous venons de dire pour l'alun, peut s'appliquer à la couperose : outre les mines d'où l'on extrait les principes qui doivent la former, il y a aujourd'hui plu-sieurs établissemens en France où on la fabrique par la combinaison directe de l'a-cide sulfurique avec le fer.

La fabrication de ce sel en France est un objet de 2 à 3 millions.

L'exploitation du salpêtre qui a été pri-vilégiée jusqu'à ces derniers temps, donnoit à peu près 1,250,000 kilog., avec lesquels on fabriquoit un million de kilogrammes de poudre de toute espèce ; et l'excédant étoit vendu au commerce pour alimenter les manufactures qui emploient ce sel dans leurs opérations. La valeur de la totalité des salpêtres fabriqués, formoit une somme d'environ 3 millions.

L'acide nitrique étoit autrefois l'acide dont la fabrication étoit la plus considérable ; le sulfurique n'étoit alors employé qu'à dis-soudre l'indigo et à décomposer quelques sels ; mais depuis que ce dernier sert à

extraire la soude du sel marin et concourt à
composer l'alun et la couperose, sa consommation est devenue prodigieuse; d'ailleurs
le bas prix auquel on est parvenu à le livrer
au commerce, en a singulièrement étendu
l'usage, et je ne crois pas m'éloigner du vrai
résultat en évaluant à 200 mille quintaux
métriques la quantité qu'on en fabrique;
ce qui, à raison de 30 fr. le quintal métrique, par rapport aux divers degrés de concentration, forme une valeur de 6 millions.

L'acide muriatique étoit à peine connu
dans les arts, il y a quelques années; mais
le bas prix auquel on le vend aujourd'hui,
et l'emploi qu'on en fait pour la préparation
du chlore ou acide muriatique oxigéné qui
est devenu l'agent principal du blanchîment
du lin, du chanvre et du coton, l'ont placé
parmi les produits chimiques les plus utiles.
La consommation est d'environ six mille
quintaux métriques; son prix dans le commerce est de 36 à 40 fr. le quintal métrique,
ce qui fait 216 ou 240 mille francs.

L'usage de l'acide nitrique, de l'eau forte,
de l'eau régale, n'a pas varié sensiblement,
et on peut fixer la valeur de ce qui en est
employé, tant dans les teintures que dans

les opérations sur l'or et l'argent, à 11 ou 1200 mille francs.

Les autres sels et acides employés dans la médecine ou dans les arts, tels que la crême de tartre, le vert de gris, le sel de saturne, les céruses, le minium, le sel d'étain, le sel ammoniac, les cendres gravelées, le salin, l'acide oxalique, l'acide pyroligneux, etc., forment en tout un objet de 4 à 6 millions.

ARTICLE X.

Des Savons.

En 1789, les fabriques de Marseille préparoient presque tout le savon en pain qu'on consommoit en France. La proximité de Gênes, des Deux-Siciles, du Levant, de l'Espagne, d'où l'on tiroit la plus grande partie des huiles et des soudes qui entrent dans la composition de ce produit, avoit fixé cette importante fabrication dans cette ville.

A cette époque la fabrique de Marseille employoit :

1°. 240,000 millerolles ou 138,000 quintaux métriques d'huile, dont 30,000 de Provence; ce qui, à raison de 60 francs la millerolle, fait........... 14,400,000 fr.

2°. 150,000 quintaux mé-
triques de soude de toute
espèce, dont 10,000 quintaux
métriques du Languedoc ,
qui, évalués à 24 fr. chaque,
par rapport à leur variété ,
représentent............ 3,600,000

3°. 165,000 quintaux métriques de charbon de terre tirés
des environs de Marseille ,
qui, à raison de 2 fr. 50 cent.
le quintal métrique, forment
une valeur de............ 412,500

4°. La main d'œuvre étoit
évaluée............ ... 1,187,500

TOTAL..... 19,600,000 fr.

Le résultat de la fabrication étoit annuellement d'environ 225,000 quintaux de savon
blanc, bleu vif, ou bleu pâle, dont la sep-
tième partie étoit exportée pour nos colonies de l'Amérique et de l'Inde, les États-
Unis, l'Allemagne et la Hollande.

La fabrication de savons en pain, tant à
Marseille que dans quelques autres manu-

factures du midi, pouvoit être évaluée à un produit de 3o,ooo,ooo fr.

Aujourd'hui les établissemens se sont disséminés sur le sol de la France; la fabrication de Marseille a perdu un tiers de son ancien état de splendeur; l'exportation du savon a diminué; mais comme les huiles ont augmenté de prix, la somme totale de la valeur du produit a dû rester la même, c'est-à-dire, 3o,ooo,ooo fr.

Indépendamment du savon solide en pain, il se fabrique du savon mou qui est employé principalement dans le foulage des étoffes; on se sert de potasse au lieu de soude, et d'huile de graine au lieu d'huile d'olive. Les établissemens dans lesquels on prépare ce dernier sont surtout dans le nord de la France, à Lille, à Amiens, à Abbeville, à Saint-Quentin, etc. Il en existe ensuite de moins importans dans presque tous les pays de manufactures de draps.

D'après les renseignemens que j'ai pu me procurer, cette fabrication ne s'élève pas à plus de 3 millions, ce qui fait 33 millions pour la totalité des savons fabriqués en France.

ARTICLE XI.

Des Raffineries de Sucre.

Autrefois le sucre étoit l'article le plus considérable de tous ceux que la France fournissoit à l'étranger : ses colonies produisoient beaucoup au-delà des besoins de la consommation intérieure, et l'excédant étoit échangé avec avantage contre les productions du nord. C'est avec un vrai sentiment de douleur que je mets sous les yeux du lecteur l'état du sucre importé de nos colonies en 1788.

COLONIES.	QUALITÉS.	QUANTITÉS DE SUCRE.
		quintaux métriques.
SAINT-DOMINGUE..	Sucre brut.	411,314
	Sucre terré.	283,142 $\frac{1}{2}$
	Sucre tête..	23,045
MARTINIQUE.....	Sucre brut.	9,397 $\frac{1}{2}$
	Sucre terré.	68,977 $\frac{1}{2}$
	Sucre tête..	59,726 $\frac{1}{2}$
GUADELOUPE.....	Sucre brut.	5,597
	Sucre terré.	32,168
	Sucre tête..	38,255 $\frac{1}{2}$
TABAGO..........	Sucre brut.	10,125
GUIANE..........	Sucre brut.	10,000

Les colonies françoises fournissoient donc à cette époque :

quintaux métriques.

Sucre brut............ 446,433
Sucre terré............ 384,288
Sucre tête............ 121,027

Sur cette quantité, il a été exporté à l'étranger :

quintaux métriques.

Sucre brut............ 224,276
Sucre terré ou tête...... 432,222
Sucre raffiné.......... 8,704

Il est donc resté pour la consommation ou le raffinage :

quintaux métriques.

Sucre brut............ 222,157
Sucre terré et tête...... 73,092

Comme le sucre raffiné qu'on a exporté représente environ 11,000 quintaux métriques de sucre brut, il n'est resté en sucre brut que 211,157 quintaux métriques, pour le raffinage, destinés à la consommation, au lieu de 222,157 quintaux métriques que donneroit la différence de l'importation à l'exportation.

L'exportation des sucres a produit une somme de 63,878,900 fr.

Le sucre réservé pour le raffinage et la consommation représentoit, à cette époque, une valeur de 22,034,505 fr. ; ainsi la valeur du sucre importé de nos colonies étoit de 85,913,405 fr.

211,157 quintaux métriques de sucre brut produisoient, par le raffinage, 158,365 quintaux métriques de sucre de consommation, qui, à raison de 2 fr. le kilogramme, par rapport aux diverses qualités, formoient une valeur de 31,673,000 fr.

73,092 quintaux métriques de sucre tête et terré produisoient, par le raffinage, 58,475 quintaux métriques en sucre de consommation, qui représentent 11,695,000 fr.

La valeur des sucres raffinés étoit donc de 43,368,000 fr., et celle des sucres employés au raffinage de 22,034,505 fr. Mais, en ajoutant à cette dernière somme les droits perçus sur les sucres, il en résulte que la valeur des sucres employés au raffinage étoit de 28,296,679 fr.; ainsi les frais du raffinage et les bénéfices du raffineur s'élevoient à 15,071.321 fr.

Aujourd'hui les sucres bruts sont plus

chers, les droits d'entrée ont presque doublé, de sorte que, si la consommation est la même qu'en 1789, comme tout porte à le croire, l'achat des sucres et le paiement des droits emploient un capital de 40,067,479 fr., au lieu de 28,296,679 fr. Les frais du raffinage sont restés à peu près les mêmes; ainsi la consommation du sucre raffiné est, en ce moment, un objet de 55,138,910 fr.

Le sucre brut produit, par le raffinage, environ 25 pour 100 de mélasse, dont la valeur ajoute aux bénéfices du raffineur une somme de 5,685,000 fr., en supposant qu'on raffine 284,250 quintaux métriques de sucre brut. Ce bénéfice provenant des mélasses n'est que momentané; attendu que j'en estime la valeur à 80 fr. le quintal métrique, qui est le prix actuel, tandis qu'elles se vendent, dans les temps ordinaires, 30 fr. Cette différence de valeur dépend du prix excessif des eaux-de-vie, à la fabrication desquelles on emploie aujourd'hui les mélasses. (J'écris en mai 1818.)

ARTICLE XII.

De la Chapellerie.

La chapellerie étoit autrefois, pour la France, un objet de commerce très-considérable avec l'étranger; les fabriques du midi, surtout celles de Lyon et de Marseille, travailloient beaucoup pour l'Espagne, l'Italie et nos colonies. L'exportation de ce produit a presque cessé entièrement; mais l'art de la chapellerie s'est établi aujourd'hui sur toutes les parties de la France : l'aisance de l'habitant des campagnes a augmenté la consommation; on fabrique beaucoup plus de chapeaux fins qu'on ne le faisoit autrefois; les prix ont presque doublé, de sorte qu'on ne doit calculer les produits de cette industrie ni sur la diminution qui s'est opérée dans certains centres de fabrication, ni sur la valeur numérique comparée aux deux époques.

La chapellerie fine emploie les poils de lièvre, de lapin, de castor, d'ours marin, de raton du Mexique, qu'elle mélange avec art : la chapellerie grossière fait servir à ses usages la laine d'agneau, les poils de veau, de chameau, de chevreau, les tontures de drap, etc.

Aujourd'hui, sur un chapeau sortant de chez le fabricant au prix de 15 fr., il y a 8 fr. de matières premières et 5 fr. de main d'œuvre : le marchand chapelier lui donne la forme convenable, y ajoute la coiffe et la ganse, et lui acquiert une nouvelle valeur de 5 fr.

Dans la chapellerie grossière, le bénéfice du fabricant est de 5 à 10 sous par chapeau ; le surplus représente la valeur de la matière première et de la main d'œuvre.

On fabriquoit autrefois des chapeaux à 12 fr. la douzaine à Saint-Pierre le-Moutiers et ailleurs.

On comptoit en France, il y a quelques années, 1159 fabriques de chapellerie, dans lesquelles on occupoit 17,000 ouvriers ; le produit s'élevoit à 19,500,000 fr. Les chapeliers qui approprient les chapeaux à leurs usages, ajoutent un quart à cette somme, ce qui porte le commerce des chapeaux à 24,375,000 fr.

ARTICLE XIII.

Des Tanneries, Chamoiseries, Mégisseries.

De tous les arts qui opèrent sur les peaux pour les approprier à nos besoins, il n'en est pas qui soit plus important que celui de la tannerie : pour s'en former une idée, il suffit d'évaluer la quantité de peaux tannées annuellement dans les fabriques de l'intérieur de la France. Cette quantité se compose de la dépouille de quelques-uns des animaux qui sont consacrés à la nourriture, et de ceux qu'on jette à la voierie ; les premiers sont les bœufs, les moutons, les vaches et les veaux ; les seconds sont les chevaux. On doit ajouter à ce résultat le nombre de peaux en poil qu'on importe pour le même usage.

La consommation des bœufs et vaches est, chaque année, de 857,000.

Celle des veaux, de 2,032,000.

La mortalité des chevaux, de 110,000.

En supposant le poids moyen des peaux de bœufs et vaches, de 55 demi-kilogrammes, par rapport à celles des vaches, qui ne sont, terme moyen, que du poids de 45, et portant la valeur du demi-kilogramme à 35 cent., il en résulte que la totalité des peaux provenant de la dépouille de ces animaux représente une valeur de 16,497,250 fr.

En ajoutant à cette somme celle de 3,950,500 fr. provenant de l'importation des cuirs en poil, la valeur totale des peaux de bœufs et de vaches employées dans les tanneries s'élève à............ 20,447,750 fr.

En prenant le poids de 12 demi-kilogrammes pour terme moyen du poids des peaux de veau, et supposant de 60 cent. le prix de chaque demi-kilogramme, la totalité forme une valeur de............ 14,630,400 fr.

Les 110,000 peaux de cheval représentent une valeur de........ .... 770,000 fr.

Total..... 35,848,150 fr.

Le capital qui alimente nos tanneries est donc de 35,848,150 fr. Je ne comprends pas, dans ce calcul, les peaux de mouton et autres, dont une partie est employée dans la

tannerie, me réservant d'en donner l'évaluation en parlant de la mégisserie et de la
chamoiserie. Ce capital étoit plus fort il
y a quelques années, à cause de l'énorme
quantité de cuirs que consommoient nos
armées. Alors nous importions pour onze à
douze millions de peaux en poil; mais, dans
des temps ordinaires, je ne crois pas qu'on
puisse en porter l'évaluation plus haut que
je ne l'ai fait.

Une peau du poids de 100 demi-kilogrammes, après qu'on a distrait les cornes,
le poil, le sang, la graisse, les extrémités
des pates, les oreilles, la queue, etc., donne
par le tannage, 55 demi-kilogrammes de
cuir, qui se vend 1 fr. 50 c. le demi-kilogramme; ainsi une peau du poids de 50 kilogrammes coûte 35 fr., et se vend 82 fr.
50 cent.

En égard à la nature des peaux de vaches,
on peut établir que le tannage ne fait que
doubler le prix des peaux.

35.848,150 fr., valeur en peaux, donneront donc une valeur en cuirs de 71,696,300
francs.

En général, la peau, en passant à l'état
de cuir, prend un peu plus d'un dixième de

matière tannante, et augmente de poids dans cette proportion.

La tannerie a encore l'avantage de donner de la valeur à nos bois par l'emploi que l'on fait de l'écorce de chêne. On évalue à 150 fr. le prix de l'écorce qu'on retire d'un hectare de bois taillis lorsqu'on a des tanneries dans le voisinage.

Le tannage ne fait que disposer les peaux à subir de nouvelles opérations qui constituent d'autres genres d'industrie, tels que la fabrication des bottes et souliers, des selles, des harnois, etc. : ici le cuir prend une autre valeur, et cette valeur est presque toute en main d'œuvre. Je prendrai pour exemple la fabrication des souliers, qui consomme la plus grande partie des peaux tannées.

La fabrication d'une paire de souliers emploie,

Cuir pour semelles......... 1 fr. 25 c.
Peau pour empeignes....... 1   75
Fournitures de peau blanche,
fausses semelles............. 1
Façon..................... 2
                          —————
TOTAL..... 6 fr.

Un ouvrier fabrique, en général, deux souliers et un quart de soulier par jour ; il existe à Paris 31,000 cordonniers inscrits au bureau de placement, ce qui supposeroit une fabrication de 34.875 paires de souliers par jour, et par conséquent une valeur de main d'œuvre, pour les ouvriers, de 69,750 fr., et pareille somme pour les cordonniers entrepreneurs, en payant huit fr. la paire de souliers. Ces valeurs restent les mêmes, soit qu'on travaille des souliers ou des bottes. Mais comme on ne peut pas supposer que les 31,000 cordonniers soient tous en activité, par rapport aux maladies, à l'inaction quelquefois forcée, ou aux dérangemens, on peut borner le travail à celui de 25,000 ouvriers, ce qui réduit la fabrication à 28,125 paires de souliers, la main d'œuvre des ouvriers à 56,250 fr., et les bénéfices des entrepreneurs à pareille somme.

28,125 paires de souliers, à 8 fr., font, par jour, un produit de 225,000 fr. ; et, pour 300 jours de travail, 67,500,000 fr., dont moitié représente la valeur de la matière première, et l'autre moitié celle de la main d'œuvre et des bénéfices, y compris les locations, l'usé des outils et l'intérêt du capital de la valeur des ustensiles, etc.

Il faut observer que la cordonnerie de Paris ne travaille pas seulement pour la consommation de la capitale, mais qu'elle envoie dans les provinces ou à l'étranger un tiers de ses produits.

Il faut encore observer que dans une grande partie des souliers que l'on fait à Paris, on emploie des étoffes pour empeignes, ce qui réduit de beaucoup la consommation des cuirs, sans diminuer, dans la même proportion, la main d'œuvre et les bénéfices.

En outre, sur les 8,437,500 paires de souliers qu'on fabrique à Paris, il y en a au moins moitié pour femmes, et dans ces derniers, la consommation du cuir est moindre d'un quart, soit par rapport à leurs plus petites dimensions, soit à cause de l'emploi des étoffes qui remplacent la peau dans un très-grand nombre.

D'après cela on peut réduire à environ huit millions la valeur des peaux employées pour empeignes, et à six millions celle des cuirs qui servent pour semelles.

A l'exception d'une valeur d'environ six

millions de cuirs tannés qu'on emploie à d'autres usages , tels que la sellerie , la fabrication des tuyaux , etc. , la presque totalité du reste est consommée dans la cordonnerie : dans tous les cas , le cuir prend, par la main d'œuvre , une valeur moyenne double du prix primitif.

Ainsi , 71,696,300 fr. de valeur en cuirs tannés , donnent lieu à un commerce de consommation de 143,392,600 fr.

La chamoiserie et la mégisserie préparent les peaux pour les faire servir à d'autres usages ; c'est surtout sur celles de mouton , de veau , de chamois , d'agneau et de chevreau que s'exerce cette industrie.

L'Aveyron , le Vivarais , le Dauphiné possèdent les fabriques les plus importantes dans ce genre : Grenoble travaille en chamoiserie environ deux mille douzaines de peaux de veaux. L'industrie n'ajoute qu'environ deux tiers au prix de la peau brute.

Ce commerce est moins important qu'autrefois ; l'Espagne en achète moins , ces peaux y faisoient le principal vêtement du paysan , mais on les a remplacées par des étoffes ou par le produit des chamoiseries qui s'y sont établies.

On chamoise aussi des peaux de mouton, d'agneau et de chevreau qui servent à faire des gants qui se lavent ; c'est ce qu'on connoît sous les noms de gants *remaillés* ou castors.

Les peaux d'agneau et de chevreau qu'on emploie à la mégisserie, se tirent de France et d'Italie, principalement des états de Toscane, de Rome et de Naples : on en importe aussi du Piémont, qui sont très-estimées ; mais la sortie en est prohibée, et l'on s'en procure difficilement.

La seule mégisserie de Grenoble travaille 45 à 5o mille douzaines de peaux d'agneaux ou de chevreaux ; celle de Milhau, en Rouergue, fait plus que le double ; celles du Chaylard et d'Annonay, dans l'Ardèche, jouissent d'une grande réputation surtout pour la blancheur qu'elles donnent aux peaux.

La parcheminerie, la maroquinerie, la chagrinerie, font subir aux peaux des opérations qui, en les appropriant à des usages particuliers, leur donnent une nouvelle valeur ; et, d'après les états qui nous ont été fournis, on peut porter le produit de tous ces arts réunis à une somme de 12,000,000 francs.

ARTICLE XIV.

Des Teintures et Vernis.

Pour connoître toute l'importance de l'art de la teinture, et apprécier, avec autant d'exactitude qu'il est possible d'en mettre dans ces sortes de matières, la somme d'argent qu'il produit, j'ai cru devoir négliger les renseignemens fournis par l'administration, et suivre une marche qui me paroît devoir mener plus directement au but.

En conséquence, j'ai pris la moyenne de la valeur des drogues tinctoriales qu'on importe annuellement, et j'ai calculé celle des productions de notre sol et de notre industrie destinées à la teinture; j'ai déduit, de ce premier résultat, le montant de celles qui sont exportées en nature, et il m'est resté une somme de 25,117,950 fr., dont l'indigo, la cochenille, l'alun, la garance, les bois de teinture, la couperose, forment plus des deux tiers.

En évaluant ensuite les dépenses en combustible, main d'œuvre, location, etc., auxquelles donnent lieu les opérations de teinture, je trouve qu'elles ne s'élèvent pas à plus de 15,000,000 fr., ce qui, en ajoutant les bénéfices du teinturier, forme un total de 44,117,950 fr. (1).

L'emploi des vernis sur le bois, les métaux, les toiles, les cuirs et les peintures, pour donner du luisant, colorer quelques-uns de ces objets, et les garantir tous de l'action destructive de l'air et de l'eau, donne lieu à une fabrication assez étendue. On en évalue généralement le produit à 5,000,000 de francs, et je ne crois pas qu'il y ait une grande erreur dans cette estimation.

ARTICLE XV.

Des Parfumeries.

Les principales fabriques de parfumerie sont établies dans le midi de la France, sur-tout dans le Bas-Languedoc et en Provence, où la douce température du climat permet à la plupart des plantes aromatiques d'y croître sans culture, et où l'on peut élever,

____

(1) En parlant des soieries, de la draperie, de la cotonnerie, je n'ai point compris les frais de teinture, je me suis réservé d'en faire ici un article particulier qui embrassât tous les genres.

sans beaucoup de soins, les autres qui servent à la parfumerie.

L'art du parfumeur embrasse la fabrication des poudres et sachets odorans, des pommades et savonnettes, des eaux de senteur, des liqueurs aromatisées, etc.

Les eaux et l'alcohol parfumés, les huiles volatiles qui entrent dans les compositions, forment un premier genre d'industrie qui consiste à distiller les plantes aromatiques : cette opération est exécutée par des hommes qui établissent leur appareil, en plein champ, au milieu des plantes qu'ils doivent soumettre à la distillation, et qui vendent ensuite leurs produits aux parfumeurs.

Le commerce de la parfumerie est un objet de 6 à 7 millions pour le midi, et d'une somme à peu près égale pour le reste de la France.

Total..... 13,000,000 fr.

ARTICLE XVI.

Des Amidonneries.

L'amidon est une fécule que l'on extrait principalement de quelques grains de plantes céréales : l'usage, devenu presque général de ne plus poudrer les cheveux, en a diminué la consommation ; mais l'emploi qu'on en fait dans la préparation des étoffes et tissus , ainsi que pour l'empois et la colle dont il forme la base , donne lieu encore à une fabrication considérable.

M. de Tolosan évalue à six millions de livres pesant la quantité qu'on en fabriquoit à Paris en 1789, et il porte à 18 millions la totalité de l'amidon qu'on faisoit en France.

L'augmentation de notre industrie manufacturière a au moins compensé la perte de consommation qui s'est opérée dans les usages de la poudre, et je crois que l'on peut conserver sans erreur l'estimation donnée par M. de Tolosan, ce qui constitue un commerce de six millions de francs.

On vient de créer en France un autre genre d'industrie qui consiste à extraire la fécule ou amidon de la pomme de terre , pour la livrer à la fermentation après l'avoir convertie en une matière sucrée : cet art nouveau doit sa naissance à la chimie. On compte en ce moment dans Paris quatre-vingts fabriques où l'on prépare la fécule, et environ quarante où on la distille (j'écris en mai 1818). L'eau-de-vie qui en provient est de très-bonne qualité. Cette industrie toute récente encore me paroît annoncer une révolution qui pourra diminuer l'importance de nos vignobles ; elle verse déjà dans le commerce pour 10 ou 15 mille fr. d'eau-de-vie par jour.

A R T I C L E   X V I I.

De la Librairie.

La création de la direction générale de la librairie, le droit qu'elle percevoit sur chaque feuille d'impression , ont permis d'évaluer avec quelque précision le nombre d'ouvrages de toute nature qui sortoient chaque année des presses françoises : la moyenne, déduite du produit comparé de trois années , nous a donné le résultat suivant :

Nombre de rames de papier imprimé..................... 123,580

Prix du papier............ 1,226,815

Les frais de composition , de tirage, de brochure, de gravure, les bénéfices de l'imprimeur, portent la valeur des ouvrages imprimés à........ 10,826,363 fr.

On ne comprend pas dans cette évaluation les feuilles périodiques, les affiches, les écrits clandestins, les impressions de l'Imprimerie royale, celles des préfectures, sous-préfectures, mairies, tribunaux, écoles publiques et particulières, ce qui double au moins le nombre des impressions. On doit donc porter à 21,652,726 fr. ce que l'imprimerie met de valeur en circulation chaque année,

TOTAL..... 21,652,726 fr. (1).

Le nombre des ouvrages imprimés est, année commune, de 3,090 volumes.

Cette branche d'industrie acquiert une nouvelle importance en passant dans les mains des libraires et des relieurs, dont l'existence est établie sur le produit de l'imprimerie.

ARTICLE XIX.

De l'Ébénisterie et Instrumens de musique.

La fabrication des meubles est un objet considérable dans tous les pays de l'Europe; mais presque partout, excepté en France,

----

(1) En déduisant de cette somme le prix du papier que nous avons porté ailleurs, il reste 19,409,096.

elle se borne aux besoins de la localité. Cette industrie a été portée chez nous à un haut degré de perfection, et les meubles riches que l'on fabrique à Paris sont recherchés dans toute l'Europe, à cause de l'élégance des formes, de la beauté des ornemens, de la solidité de la construction : on compte à Paris 10 à 12 mille ouvriers qui vivent de cet état. Indépendamment des bois indigènes, on emploie pour environ 1,500,000 fr. de bois étranger.

Ce genre d'industrie doit paroître d'autant plus précieux que, sur une valeur de 12 millions de meubles qu'on fabrique à Paris, la main d'œuvre ou les bénéfices du fabricant en forment les trois quarts.

La fabrication des meubles riches n'étoit presque pas connue dans les départemens il y a trente ans ; elle est établie aujourd'hui dans les principales villes, et augmente au moins d'un tiers les produits ; ce qui porte la fabrication des meubles riches à seize millions.

Il seroit difficile de déterminer avec précision la valeur des meubles grossiers qu'on fabrique avec les bois indigènes, tels que chaises, commodes, lits, armoires, etc.

Mais comme ces objets sont d'un usage indispensable pour une population d'environ
25 millions d'habitans, et que les réparations sont fréquentes, on ne peut pas évaluer la somme d'argent qui y est employée
au-dessous de 25 millions.

TOTAL..... 41 millions.

La fabrication des instrumens de musique
occupe 1,067 ouvriers, et produit 2,000,000
francs.

Nous exportons annuellement pour une
valeur de 3 à 400 mille francs de ce dernier
article.

ARTICLE XX.

Bière, Cidre, Poiré et Eaux-de-Vie.

La fabrication des cidres et poirés forme
un article considérable parmi les produits
de l'agriculture et de l'industrie ; celle du
cidre est généralement établie dans toute la
Normandie où le peuple ne connoît presque
pas d'autre boisson ; elle existe encore dans
une partie de la Bretagne et de la Picardie.
On cultive, dans ces provinces, les arbres
propres à fournir ce produit abondamment
et de bonne qualité ; mais dans les autres
départemens de la France, on fait servir les

pommes douces à cette fabrication, surtout lorsque la vigne produit peu de récolte, et que le vin est cher.

L'inventaire des cidres et poirés, fait avec soin pendant quatre années consécutives, a donné les résultats suivans :

Année 1804.... 10,733,722 hectolitres.
        1805.... 9,358,990
        1806.... 10,027,241
        1807.... 8,777,995
                 ____
Total..... 38,897,948 hectolitres.

La moyenne a donc été, pendant ces quatre années, de 9,724,487 hectolitres qui, à raison de 5 fr. l'hectolitre (environ 105 pintes), forment une valeur annuelle de 48,622,435 fr.

La presque totalité de ces boissons se consomme sur place ; cependant les premières qualités s'exportent dans l'intérieur de la France, et il s'en vend à Paris pour environ 500 mille fr. chaque année.

L'usage de la bière s'est beaucoup répandu depuis trente ans : on a établi des brasseries jusque dans les pays où le vin est le plus abondant, et elles y prospèrent.

Cependant la consommation de la bière varie beaucoup suivant l'abondance et le prix des vins; et pour bien connoître la quantité qu'on en fabrique en France, il faut la déterminer sur le produit moyen et comparé de plusieurs années.

Nous avons donc pris l'état des bières qui ont été soumises à l'impôt depuis 1811 jusqu'à 1817 inclusivement, et le résultat nous présente une moyenne de 2,802,081 hectolitres de bière fabriquée chaque année. (Cet état ne comprend que ce qui a été fabriqué dans les limites actuelles de la France.)

Cette évaluation doit être un peu au-dessous de la vérité, à cause de la fraude qui est inséparable de presque tous ces objets d'industrie soumis à des impôts ; mais enfin c'est la base la plus solide sur laquelle on puisse établir des calculs.

Le prix moyen de l'hectolitre de bière a été de 17 fr. à la consommation, pendant la période des sept années dont nous venons de parler. Ainsi la fabrication a donné lieu à un commerce annuel de 47,635,377 fr.

En évaluant le produit des vins récoltés en France, nous avons observé qu'on en em-

ployoit communément cinq millions et demi
d'hectolitres à la distillation , ce qui doit
produire au moins un million cent mille
hectolitres d'eau-de-vie qui, à raison de 5o fr.
l'hectolitre, donnent une valeur en eau-de-
vie de 55,000,000 fr.

La valeur des vins calculée sur 7 fr.
5o c. l'hectolitre, par rapport à la nature de
ceux qu'on destine à la distillation, est de
41,25o,000 fr. ; il reste donc pour frais et
bénéfices de la distillation une somme de
13,750,000 fr.

Conclusion.

Les produits de l'industrie manufacturière représentent donc une valeur commerciale de 1,820,102,409 fr.

Cette valeur se compose :

1°. D'environ 416,000,000 fr. en matières
premières indigènes.

2°. De 186,000,000 fr. matières premières
exotiques.

3°. De 844,000,000 fr. main d'œuvre.

4°. De 192,000,000 fr. de dépenses générales , telles que usé des outils , réparations,
chauffage , éclairage , intérêts de la première

mise de fonds pour constructions, achat de métiers, etc.

5°. De 182,005,221 fr. pour bénéfices du fabricant.

Comme dans l'évaluation des produits du sol j'ai déjà estimé la valeur de presque tous les objets que l'agriculture fournit à l'industrie manufacturière, je dois faire observer ici qu'on feroit un double emploi en composant la richesse nationale du résultat général de l'industrie agricole et de l'industrie manufacturière : ainsi en retranchant du produit total de cette dernière 416,000,000 francs qu'elle emprunte à l'agriculture en matières premières, il restera 1,404,102,409 francs qui représentent les frais de fabrication de tout genre, la main d'œuvre, la valeur des matières importées et les bénéfices du manufacturier.

QUATRIÈME PARTIE.

DE L'ADMINISTRATION DE L'INDUSTRIE.

CHAPITRE PREMIER.

De l'Influence du Gouvernement sur l'Industrie.

Aujourd'hui qu'il est généralement reconnu que le commerce, l'agriculture et l'industrie manufacturière font la force et la richesse d'une nation, les gouvernemens ne peuvent plus avoir qu'un but, celui de les protéger et de les encourager.

Presque tous les gouvernemens paroissent pénétrés de cette vérité, et sont animés du même désir; mais l'expérience nous apprend chaque jour qu'il ne suffit pas de vouloir pour parvenir au but, et il arrive souvent que l'administration tarit en un moment, par un acte peu réfléchi, une source féconde de prospérité publique.

Un gouvernement ne doit jamais perdre de vue que les funestes effets d'une erreur, en fait d'industrie, s'étendent jusqu'aux dernières ramifications de la société : lorsqu'on ne croit atteindre que quelques chefs de fabrique, on s'expose à frapper toute la nation : le manufacturier calcule ses entreprises sur la législation du moment; le moindre changement qu'on y apporte peut compromettre le sort de son industrie, et paralyser les bras qu'il emploie.

Dans un genre d'industrie qui prospère, toutes les parties qui concourent se sont placées dans un tel état de besoin et d'harmonie, qu'il est difficile d'y toucher sans faire crouler l'édifice. L'impôt le plus léger peut rompre l'équilibre, et produire une secousse qui se fasse sentir depuis le premier producteur jusqu'au consommateur. Un foible droit sur la matière première prive le fabricant d'une portion de ses capitaux, et peut faire augmenter le prix des produits de manière à ne plus permettre de concourir sur les marchés de l'Europe.

L'action du gouvernement sur l'industrie doit être éclairée, pour être utile ; elle doit être constamment dirigée par les seuls principes de l'intérêt général, pour qu'elle ne soit ni partiale ni versatile.

L'action du gouvernement doit se borner

à faciliter les approvisionnemens, à garantir la propriété, à ouvrir des débouchés aux produits fabriqués, et à laisser la plus grande liberté à l'industrie. On peut se reposer sur le fabricant du soin de tout le reste (1).

Parmi les matières qui forment les approvisionnemens de l'industrie, il en est qui nous sont apportées du dehors, et d'autres, en plus grand nombre, qui sont fournies par notre sol.

Les cotons figurent au premier rang, parmi les matières qu'on importe : l'industrie s'exerce sur eux d'une manière si générale et si étendue, que cette fabrication est devenue, en peu de temps, une des branches principales de notre commerce.

Une question qui paroît au premier coup d'œil d'une grande importance, divise encore les opinions : il s'agit de savoir si les grands développemens qu'on a donnés à la *cotonnerie* sont utiles ou nuisibles aux vrais intérêts de la France.

---

(1) Presque tous les chapitres de cet ouvrage servent de développement à ces principes généraux que nous ne faisons que consacrer et réunir ici.

Ceux qui prétendent qu'ils sont nuisibles, s'appuient sur des faits qu'on ne peut pas révoquer en doute : ils observent que les tissus de coton remplacent ou partagent aujourd'hui, dans la consommation, les tissus de soie, de lin, de laine et de chanvre qui sont des productions de notre sol, et que, par conséquent, ils nuisent à la prospérité de notre agriculture ; ils ajoutent que les nombreuses fabriques de coton ont fait refluer dans les villes une grande partie de la population des campagnes qui y étoit occupée, au moins pendant l'hiver, à filer la laine, le lin et le chanvre, et à les convertir en étoffes ; enfin, disent-ils, une guerre maritime peut tarir ou rendre, au moins, l'approvisionnement du coton difficile, et compromettre par là l'existence de nombreux habitans, et, par suite, le repos public.

Les partisans des manufactures de coton répondent que les bras ne manquent ni aux travaux de la campagne ni à l'exploitation des branches d'industrie dont notre sol fournit la matière première ; que les fabriques de coton ont augmenté la masse du travail, et que nos approvisionnemens en coton forment un des plus grands objets de notre commerce.

Cette question, long-temps débattue, me paroît oiseuse, dans un moment où ce genre d'industrie est généralement établi et consolidé. Ne plus protéger cette fabrication, ce seroit rompre des habitudes, contrarier le consommateur dans ses goûts, compromettre la fortune de nombreux manufacturiers, anéantir des capitaux immenses qui consistent en bâtimens, usines et métiers, condamner à la misère un demi-million de François qui vivent par la filature, le tissage, la teinture, l'impression, la gravure des planches, l'apprêt des tissus, la vente des produits, etc.

Ainsi, dans l'état où se trouvent ces fabriques, il s'agit moins de savoir ce qu'on eût dû faire lorsqu'on les a introduites, que ce qu'on doit faire aujourd'hui ; je crois que le gouvernement doit les protéger et les encourager à l'égal de tous les autres genres d'industrie.

L'entrée des cotons doit donc être libre et dégagée de tout droit ; l'exportation des tissus doit être favorisée, et le gouvernement doit employer tout son crédit pour les faire admettre dans la consommation chez toutes les nations avec lesquelles il a des relations.

Si, dans les circonstances pénibles où s'est trouvé le gouvernement, il a cru devoir s'écarter des vrais principes, et imposer les cotons à l'entrée, il a senti, en même temps, qu'il devoit restituer les droits à l'exportation des tissus pour leur conserver la concurrence avec les produits de l'industrie étrangère. Mais la restitution des droits à la frontière doit s'opérer, sans d'autres formalités que celles de reconnoître la nature du tissu pour juger de la qualité du coton, et vérifier l'aunage porté sur la facture : l'expérience a prouvé qu'en hérissant de formalités ce remboursement, on pouvoit le rendre illusoire.

Dans la vue d'encourager les productions de notre sol, bien des personnes s'imaginent qu'il faut imposer celles des pays étrangers ; mais, outre qu'un pareil système seroit nuisible aux fabriques, il tariroit à sa source le plus précieux de nos échanges, celui qu'on doit surtout rechercher, parce que la main d'œuvre qu'on applique au travail des matières premières tirées du dehors, est une richesse de plus pour la nation.

D'ailleurs les matières premières ne sont pas de la même qualité sous tous les climats : les lins du nord, les plombs d'Angleterre sont très-supérieurs à ce que produit d'analogue le sol françois ; et, les imposer à l'entrée, c'est condamner l'industrie à s'exercer sur des matières qui donneront des produits que repoussera le consommateur.

Il n'en est pas d'un champ comme d'un atelier : l'agriculteur peut changer sa culture s'il ne trouve plus d'avantage dans un genre de productions ; mais le fabricant voit tout périr autour de lui quand il est contrarié dans ses approvisionnemens, soit sous le rapport du prix, soit sous celui de la qualité.

C'est encore une erreur en administration, que de s'opposer à l'exportation des productions du sol sous le vain prétexte que les fabriques en réclament l'emploi exclusif : par ce moyen, on met l'agriculteur à la merci du fabricant ; on détermine une valeur à ses denrées d'après les besoins très-variables de l'industrie. On paroît ignorer que la production s'accroît en raison de la consommation, et que le manufacturier du pays aura toujours de l'avantage sur l'étranger.

Je crois même qu'il est de l'intérêt de l'industrie manufacturière que l'exportation des productions du sol soit permise : en ouvrant à l'agriculteur un plus grand débouché pour ses denrées, il se livre à la culture avec plus de confiance ; les prix en sont moins variables par une suite nécessaire de la concurrence ; et il augmente la reproduction parce qu'il est assuré du débit.

D'un autre côté, tout ce qui est à l'avantage de l'agriculteur retourne au profit du fabricant : en effet, le principal consommateur des produits de l'industrie est l'habitant des campagnes, mais il ne consomme qu'autant qu'il est dans l'aisance, et l'aisance n'existe pour lui que lorsqu'il vend avantageusement ses récoltes ; c'est dans ce cas qu'il peut acheter des vêtemens pour sa famille, des meubles pour son habitation, des bestiaux pour ses travaux, etc.

Depuis que l'habitant des campagnes n'est plus flétri par la servitude, et qu'il peut disposer en liberté du fruit de son travail, tout a changé autour de lui ; sa demeure est propre et commode, sa nourriture abondante et saine, sa famille décemment vêtue, ses bestiaux bien soignés, etc. Une partie des profits qu'il parvient à réaliser, chaque année, est employée en améliorations pour ses cultures, tandis que l'autre est versée dans les ateliers de l'industrie : de là vient que, quoique l'industrie ait triplé ses produits, et que leur exportation ait diminué, la consommation en est toujours assurée. Le bien-être du paysan forme le véritable luxe d'une nation ; car celui-ci, loin de borner l'industrie à quelques objets futiles, vivifie tous les canaux de la prospérité publique.

Il ne suffit pas au gouvernement d'encourager l'agriculture et de faciliter les approvisionnemens nécessaires à l'industrie, il faut encore qu'il protége la propriété au dehors et dans l'intérieur du royaume.

Vers la fin du seizième siècle, et surtout dans le dix-septième, lorsque nos relations commerciales ont reçu une grande extension, on a cru devoir nommer des agens pour faire respecter les propriétés du commerce partout où notre pavillon avoit pu pénétrer : on a fait construire des forts sur quelques points, pour s'y mettre à l'abri du pillage et des insultes. Le commerce étoit tellement pénétré du besoin d'être protégé, que celui de Marseille voulut salarier les consuls françois, dans les échelles du Levant, pour avoir plus de droit à leur protection.

On a vu le commerce s'exiler successivement de l'Afrique, de l'Arabie, de la Perse et de l'Asie mineure, autrefois couvertes de villes florissantes, parce qu'il n'y avoit plus de sûreté. M. Poivre, qui avoit beaucoup voyagé et très-bien observé, assure qu'il n'a vu de pays véritablement prospères que ceux où la liberté et la sûreté se trouvent réunis. Smith n'hésite pas à dire que la certitude que chacun a, en Angleterre, de jouir des fruits de son industrie et de son commerce, et l'impossibilité où est le gouvernement d'attenter à la propriété de qui que ce soit, ont fait plus de bien au pays que toutes les fausses mesures de l'administration n'ont pu lui faire de mal.

Mais la garantie de la propriété ne se borne pas à punir des vols, à faire respecter les transactions, à assurer une justice prompte pour tous les délits; elle n'existe que là où la liberté de l'industrie est consacrée, où le manufacturier peut fabriquer

comme il veut et ce qu'il veut, et disposer
à son gré du produit de son travail (1).

La propriété n'est garantie que là où le
gouvernement se montre esclave de la foi
promise : les entreprises ne se forment que
d'après l'état de la législation existante ou
les promesses de l'administration ; changer
la première ou ne pas tenir la parole donnée, c'est compromettre la fortune de l'entrepreneur, tromper sa confiance, et éteindre
toute émulation.

La propriété n'est garantie qu'autant que
la législation est stable : un gouvernement
ne peut élever ou abaisser ses droits de
douanes qu'au préjudice de l'un et à l'avantage de l'autre. La versatilité déjoue toutes
les combinaisons de l'industrie, et produit
la défiance et le découragement ; mieux vaudroit peut-être une législation imparfaite
mais stable, que celle qui varie, chaque jour,
selon les caprices de l'autorité ou les besoins
du trésor ; le commerce et l'industrie sau-
roient au moins à quoi s'en tenir. On se rappelle avec effroi ces temps malheureux où la

____

(1) *Voyez* l'excellent *Traité d'Économie politique*
de J. B. SAY.

législation varioit d'après le seul intérêt de la politique ; les opérations industrielles et commerciales n'étoient alors qu'un jeu de hasard.

Le gouvernement doit être convaincu que tous ses actes influent plus ou moins directement sur la prospérité de l'industrie : ceux-là même qui y paroissent les plus étrangers peuvent la compromettre ; la révocation de l'édit de Nantes nous en fournit un exemple déplorable : à cette époque, les artistes ont cru devoir s'exiler d'une patrie qui ne garantissoit pas la plus sacrée de toutes les propriétés, la conscience. Une colonie des ouvriers de Lyon a porté l'industrie de la soierie en Angleterre ; des fabricans d'acier et de fer-blanc se sont établis dans le Nord ; des manufacturiers de chapeaux, de serges, de bonneterie, etc., se sont réfugiés sur les bords du Rhin ; les établissemens d'orfévrerie et d'horlogerie, la culture du tabac et des bons légumes datent, en Prusse, de cette époque. En un instant on a vu disparoître ou partager au moins, avec des nations voisines, tout ce que Colbert avoit réuni de prospérité industrielle en France.

Un gouvernement qui connoît ses vrais

intérêts, ne doit avoir pour but que de favoriser la production; sa richesse est en raison de la matière imposable, et cette dernière ne s'accroît que par une protection
éclairée. C'est moins la quotité de l'impôt
qui pèse sur une nation que la manière
dont il est établi; lorsqu'on taxe la matière
de l'industrie, ou qu'on enlève à l'agriculteur tout le fruit de son travail, on tarit la
source de la reproduction , et , alors, ni
l'étendue du territoire, ni l'industrieuse
activité des habitans ne peuvent former la
prospérité publique.

Le gouvernement doit être convaincu
d'une vérité consacrée par l'expérience ,
c'est que les sacrifices qu'il fait pour encourager l'agriculture , le commerce et l'industrie rentrent dans le trésor avec usure;
les droits de consommation , les transports,
les transactions doublent ses revenus; et les
impôts ne sont plus perçus sur les premiers
besoins de l'habitant, mais sur l'excédant
et le superflu.

Protéger la propriété , faciliter les approvisionnemens de l'industrie, favoriser la
production , là se borne l'action du gouvernement. S'il veut s'immiscer dans les moyens

de fabrication, influer sur les achats et les ventes, régler les transactions, il ne peut qu'entraver l'industrie et nuire à ses intérêts : le système des règlemens de fabrication a suspendu, pendant un siècle, les progrès de nos manufactures : les Anglois, qui se sont affranchis de cette servitude, nous ont devancés dans la carrière, et se sont emparés peu à peu de tous les débouchés, en offrant des produits qu'il nous étoit défendu d'imiter : quelques exemples suffiront pour établir cette vérité.

La fabrique d'Amiens avoit un grand débouché de ses produits en Espagne et en Portugal ; les règlemens prescrivoient vingt-trois pouces de largeur à leurs étoffes. Les Anglois varièrent les dimensions d'après le goût et le besoin du consommateur, et obtinrent la préférence.

Les sempiternes formoient un objet considérable de notre commerce dans les possessions portugaises et espagnoles : les règlemens avoient voulu qu'il y eût 1520 fils à la chaîne ; les Anglois réduisirent le nombre à 1260 et même à 1200, offrirent à plus bas prix, et nous fermèrent ces débouchés.

Dans le Forez, des villages entiers étoient

occupés à faire des ciseaux non trempés,
qu'on livroit à bas prix, et dont on faisoit
de grandes expéditions pour le Levant et la
Perse, où ils étoient employés à garnir les
murs des harems. Il survint un règlement
qui défendit de vendre de la coutellerie
non trempée, et les demandes cessèrent,
parce qu'on trouva les ciseaux trempés trop
cassans et plus chers.

Sous le ministère de M. de Trudaine, la
fabrique de Nîmes obtint la permission de
s'écarter des règlemens pour imiter les étoffes de fabrique étrangère ; elle prospéra,
tandis que les fabriques de Tours et de Lyon
languissoient dans l'inaction.

Un gouvernement qui veut diriger l'industrie, sort des limites de ses attributions ;
et l'on doit être peu étonné que les arts,
retenus captifs sur le chemin de la routine,
aient fait si peu de progrès depuis Colbert
jusqu'à ces derniers temps.

Le gouvernement qui exploite pour son
compte un genre quelconque d'industrie,
agit constamment contre ses intérêts et ceux
de la nation qui en sont inséparables : ses
agens ne peuvent point rivaliser d'économie
avec les particuliers, et les produits qu'ils

livrent au commerce sont plus chers sans
être meilleurs. Lorsque les objets fabriqués
dans les ateliers du gouvernement forment
une branche du revenu public, tels que le
tabac et la poudre, il peut, en rendant la
fabrication libre, se réserver des droits équivalens au produit qu'il obtenoit par le monopole, et concilier par là ses intérêts avec
ceux du consommateur, qui payera moins
cher et consommera davantage. S'il s'agit
d'approvisionnemens pour les arsenaux, la
concurrence les établira à de justes prix; et
des essais rigoureux, qui en déterminent la
qualité, garantiront suffisamment la bonté
du service. C'est ainsi qu'on le pratique en
Angleterre et dans d'autres pays de l'Europe.

La considération est le premier besoin
du fabricant et du commerçant; ils l'acquièrent sans doute par une conduite sans
reproches, une sévère probité et une bonne
foi constante; mais cette distinction ne peut
pas leur suffire : ils veulent encore que leur
profession soit honorée. L'absurde préjugé
qui interdisoit le commerce à la noblesse
françoise, et réléguoit dans une classe inférieure l'homme laborieux qui se livroit à

un genre quelconque d'industrie, n'a pas peu contribué à arrêter les progrès de la fortune publique; le fils d'un négociant ou d'un fabricant dédaignoit l'état de son père; il cherchoit à cacher la source d'où provenoit une fortune honorable; il aspiroit à *vivre noblement* : de cette manière, les fortunes ne se perpétuoient pas dans les familles; les établissemens, à peine créés, disparoissoient; les traditions étoient perdues ; tout se bornoit à des essais. Ceux qui savent combien il est difficile d'accréditer une maison de commerce, et quelle est l'importance d'un nom révéré, d'une clientelle assurée et d'un crédit qui ne s'obtient qu'avec le temps et par une conduite constamment honorable, conviendront aisément qu'avec un tel système la France n'a pas pu élever très-haut sa richesse nationale.

Ce vice fondamental de nos institutions rendoit le négociant et le fabricant presque étrangers à leur gouvernement; ils sentoient toute l'utilité dont ils étoient pour leur pays, mais ils voyoient qu'on ne leur en tenoit aucun compte ; dès lors ils s'isoloient et se séparoient de tout intérêt national pour ne s'occuper que de leurs propres affaires.

On paroît étonné qu'il n'y eût pas alors d'esprit public en France; mais peut-on espérer de trouver un esprit public là où il n'y a pas un intérêt général et commun? L'esprit public peut-il exister dans un pays où l'homme le plus utile est repoussé, par les institutions, du premier rang des citoyens? L'esprit public peut-il se former chez une nation où les noms, les titres et les faveurs classent les hommes, et en forment tout autant de divisions qui ont des droits et des priviléges séparés. L'esprit public pouvoit-il s'établir dans un pays où la loi n'étoit pas égale pour tous, où l'impôt ne pesoit que sur une partie des habitans, où les faveurs du gouvernement étoient l'apanage d'un petit nombre? Aujourd'hui que nos institutions rangent tous les François sous la même loi, sans doute il y aura un esprit public en France, parce qu'il y aura un intérêt commun; et l'agriculteur, le commerçant et le fabricant béniront à jamais le souverain qui a consacré leurs droits par un acte solennel.

Hume a dit avec raison que le commerce avoit autant besoin de dignité que de liberté; et en effet, lorsqu'un gouvernement n'attache pas aux personnes qui exercent une profession toute la considération qu'elles méritent, il étouffe en elles les sentimens généreux qui les portent à sacrifier leur propre intérèt à l'intérèt de leur patrie ; il crée l'égoïsme, et dès lors, l'intérèt privé dirige toutes les actions. Cette nation, jadis célèbre, aujourd'hui dispersée sur le globe, et dont les membres errans ne connoissent plus de patrie, et trouvent à peine protection en Europe, nous offre un terrible exemple de ce que je viens d'avancer. L'intérèt privé paroìt être le seul mobile de leurs actions, parce que c'est le seul qu'ils aient à défendre ; vivant au milieu des nations, ils ne participent à aucune de leurs institutions ; on leur tient à peine compte d'un procédé délicat ; on est presque en hostilité permanente avec eux ; le nom qu'ils tiennent de leurs ancètres est flétri dans l'opinion du peuple. Doit-on s'étonner qu'étant ainsi isolés, repoussés et rendus étrangers à tout intérèt public, il s'en trouve parmi eux qui ne consultent que les circonstances, et tâchent d'en profiter pour les faire tourner à leur seul avantage ?

Pour bien juger de ce que peut la considération sur le commerce, il suffit de porter ses regards sur l'Angleterre : là, le fils d'un pair ne rougit pas de s'asseoir au comptoir de ses ancêtres ; et lorsqu'il est appelé, à son tour, à prendre sa place au parlement, il remet à ses enfans le noble héritage de commerce qu'on lui avoit transmis ; là, on voit souvent élever à la pairie les fabricans et les commerçans les plus distingués dans leur profession : là, tout se mesure, tout se calcule sur le degré d'utilité publique ; elle seule y forme les rangs, elle seule dispense les faveurs et départit la considération : là, l'intérêt public est l'intérêt de tous, parce que tout se rattache à ce grand mobile qui imprime l'action au corps social.

CHAPITRE II.

De la Conduite du fabricant et de son in-
fluence sur l'industrie.

LE commerce peut s'établir par la qualité
ou le bas prix des marchandises ; il ne peut
se maintenir et prospérer que par la bonne
foi des parties contractantes.

Le Velay faisoit pour deux millions de commerce en dentelles avec l'Espagne ; quelques
fabricans introduisirent des qualités inférieures dans leurs expéditions, les relations
cessèrent à l'instant.

Pendant la guerre de l'indépendance, les
États-Unis nous firent des demandes pour
tous les objets d'industrie que l'Angleterre
leur avoit fournis jusque-là : le commerce y
porta des produits de mauvaise qualité, et
se ferma ce débouché. Notre ambassadeur
essaya de rétablir les relations en faisant
voyager des Américains pour juger de l'état
de notre industrie, mais la confiance avoit
été trompée ; et ce pays, qui nous promettoit
tant de ressources, retourna aux productions angloises

Au commencement de la révolution, on expédia pour le Levant des draps qui ne présentoient ni les dimensions ni les qualités de ceux qui y avoient établi la réputation de notre draperie : les Levantins retirèrent leur confiance ; et les belles manufactures du midi ont été victimes de la mauvaise foi de quelques fabricans avides.

A la même époque, les tissus de Lyon n'ont plus offert la même solidité de couleurs, et la réputation de cette belle fabrique eût été bientôt complétement perdue si on ne fût revenu aux anciens procédés qui l'avoient établie.

On n'abuse pas long-temps de la confiance du consommateur, et le tromper c'est perdre le commerce.

Mais indépendamment de la bonne foi qui doit être la base de toutes les transactions, le commerçant doit connoître le goût et les besoins de tous les peuples, ainsi que le prix comparé de tous les objets de la consommation ; c'est d'après ces connoissances qu'il doit régler sa fabrication et diriger ses expéditions ; autrement toutes ses entreprises sont hasardeuses.

Les nations éclairées recherchent les pro-

duits qui réunissent, à la beauté des dessins,
la régularité des formes et le goût des apprêts ; les peuples moins avancés en civilisation sont séduits par l'éclat des couleurs
et la bizarrerie des objets : chez ces derniers
le *fini* n'est point le terme de la perfection ;
ils préfèrent les toiles peintes à grands ra-
mages, les bas à larges coins en lames d'or
ou d'argent, le clinquant bien poli , à tout
ce que notre industrie leur offriroit de
plus parfait dans le même genre. On peut
blâmer ces goûts, mais on tenteroit vainement de les changer; il faut donc y adap-
ter nos produits, et suivre, pas à pas, les
changemens que le temps et le progrès des
lumières peuvent apporter chez ces nations.

Le fabricant doit maintenir sa fabrication
au niveau des connoissances acquises : s'il
néglige d'adopter les améliorations qui sont
introduites par d'autres manufacturiers dans
le genre d'industrie qu'il exerce, il se voit
bientôt arriéré dans ses procédés , et ses
produits sont repoussés de tous les marchés.
Quelques exemples suffiront pour établir
cette vérité.

Nos serges perdirent leurs débouchés en
Portugal, en Espagne, dans le Levant et

dans l'Inde, du moment que les Anglois en eurent tellement perfectionné la fabrication par le moyen des apprêts, que leurs étoffes avoient l'apparence des tissus de soie.

Darnetal, Saint-Lo, Castres, Alby et le Dauphiné envoyoient dans le Canada beaucoup de gros lainage : les Anglois mirent en concurrence des tissus analogues, mais plus brillans et moins chargés, qu'on put offrir à plus bas prix, et le consommateur leur accorda la préférence.

On accusoit nos camelots d'être trop *débouillis* ; le fabricant anglois a corrigé ce défaut et s'est approprié ce commerce.

La fabrication de la draperie légère est restée le patrimoine des Anglois, tant que nous avons ignoré l'art de donner à ces étoffes le même lustre et les mêmes apprêts.

Les Anglois sont parvenus les premiers à décupler le travail par des machines ; nos fabriques n'ont pu soutenir la concurrence qu'en adoptant les mêmes moyens.

Il est un principe incontestable en fait d'industrie ; ne pas adopter les perfectionnemens qui sont introduits dans une fabrique voisine, c'est assurer la ruine de la sienne ; rejeter les moyens d'économie

on d'amélioration qu'emploient les fabricans d'un autre pays, c'est perdre l'industrie nationale. Il ne s'agit plus de savoir si
l'emploi des machines condamne des bras
au repos ; il suffit d'être convaincu qu'elles
sont devenues nécessaires pour maintenir
la concurrence et préserver notre industrie
d'une ruine certaine.

Tous les efforts du fabricant doivent être
dirigés vers les moyens d'améliorer sa fabrication, de perfectionner ses produits, d'apporter plus d'économie dans ses travaux, de
simplifier ses procédés : ce n'est que par là
qu'il peut se promettre des succès durables
et constans.

Le fabricant doit étudier le goût très-
variable du consommateur et y conformer
ses produits : nous voyons chaque jour des
branches importantes d'industrie tomber
dans le discrédit, quoique la fabrication
n'ait été ni négligée ni altérée, parce que,
d'un côté, l'inconstance de la mode se fatigue de l'uniformité, et que, de l'autre,
des étoffes d'un nouveau genre plaisent
davantage au consommateur : on avoit cru,
peut-être, parer à ces inconvéniens en pres-
crivant des réglemens de fabrication uni-

formes et invariables ; mais le consommateur, qui seul juge et achète, se joue de ces
règlemens ; il rejette les produits qui ne sont
pas conformes à ses goûts, et appelle, par
tous les moyens, ceux de l'étranger, au
détriment de l'industrie nationale. On ne
peut trop se pénétrer de cette vérité, que le
fabricant ne travaille que pour le consommateur, et que, par conséquent, il doit se
conformer à ses goûts.

Tant que l'industrie françoise a été asservie
à des règlemens, le consommateur déver-
soit le mépris sur les produits de nos fabriques, et se paroit avec orgueil des productions étrangères ; mais du moment que
la liberté a été rendue à l'industrie, nous
sommes arrivés à un tel degré de perfection,
dans tous les genres, que l'intérêt de la vanité du consommateur se confond avec celui
du fabricant.

Il est des circonstances, il survient des
événemens qui changent la nature de l'industrie et paralysent tout à coup des établissemens qui comptoient des siècles de
prospérité : l'introduction des fabriques de
coton et la grande variété de leurs tissus,
ont réduit la consommation des étoffes de

soie, de lin et de laine. Les toiles peintes de coton ont pris la place des serges et des flanelles imprimées ; le papier peint a été substitué aux indiennes pour les tentures, etc. Tous ces changemens sont le résultat naturel de l'attrait qu'a le consommateur pour ce qui est nouveau ; ils sont aussi très-souvent la conséquence du bas prix auquel on lui offre ces produits de l'industrie.

Dans tous les exemples que je viens de rapporter, je ne vois qu'un déplacement de main d'œuvre, et n'aperçois aucun préjudice pour l'industrie nationale : au lieu de s'exercer sur un seul genre de matière, elle en embrasse plusieurs, et la nation s'enrichit de ces développemens. A la vérité, le fabricant qui avoit donné une grande extension à son commerce, est obligé de se réduire à mesure que ses produits passent de mode ; mais il peut appliquer ses capitaux à d'autres objets, ou varier et perfectionner tellement sa fabrication qu'il ramène le consommateur.

D'autres causes peuvent encore produire des révolutions dans l'industrie : par exemple, depuis que le nombre des desservans du culte catholique a diminué en France, et que les cérémonies religieuses n'offrent plus ni la même pompe ni le même luxe, les fabriques de linon, de batiste, de tissus de soie brochés d'or ou d'argent, ont perdu un grand nombre de consommateurs. Les peintres qui se consacroient presque exclusivement à la décoration des temples, n'ont plus cette ressource; et le talent des artistes célèbres de l'école françoise, borné désormais à des portraits, se perdroit infailliblement si le gouvernement ne continuoit pas à l'encourager en lui ouvrant, à ses frais, la belle carrière des tableaux historiques.

Pour assurer le succès d'un établissement il ne suffit pas toujours de la protection éclairée du gouvernement, de l'intelligence et de la bonne conduite du fabricant.

Le choix d'un emplacement, plus ou moins convenable, influe puissamment sur le succès d'une entreprise; et l'artiste le plus habile luttera vainement contre des obstacles qui se reproduisent sans cesse, si sa localité est mal choisie. Il arrive souvent qu'un fabricant, séduit par la beauté des bâtimens ou par un cours d'eau convenable, y fixe ses usines; mais a-t-il fait attention à la valeur du combustible, au prix de la main d'œuvre, à la facilité des débouchés ? a-t-il comparé les avantages et les inconvéniens de sa position avec ceux des fabriques dont les produits sont analogues ? Toutes ces considérations doivent être pesées et calculées d'avance, car elles entrent, comme élément, dans ses succès ou ses revers.

Le sort de chaque genre de fabrication est lié à des convenances ou à des conditions qu'il est nécessaire de réunir pour en assurer la réussite : ici, c'est le combustible qui est l'objet principal des dépenses ; là, c'est la main d'œuvre : dans l'un et l'autre cas, il faut se rapprocher de ces premiers besoins. Souvent la facilité du débit sur les lieux, la faculté de former ses approvisionnemens à peu de frais, compensent quelques désavantages de position ; mais ces considérations n'en doivent pas moins être calculées avant de s'établir.

Une industrie qui exige le concours et l'application d'une grande variété de connoissances, et des talens distingués, ne peut prospérer que dans les grandes villes, qui seules offrent cette réunion.

Une manufacture dont les produits sont de peu de valeur, doit s'établir à portée des

matières premières et à côté du consommateur.

Comme la main d'œuvre forme la dépense
principale de plusieurs genres d'industrie,
celui qui peut se la procurer à plus bas prix
a de l'avantage sur ses concurrens ; c'est pour
cela qu'on a vu constamment prospérer les
manufactures, dont les produits peuvent
être fabriqués dans les pays de montagnes
ou les frimas et le repos de la terre con-
damneroient les habitans à rester oisifs,
pendant plusieurs mois de l'année, s'ils
ne s'exerçoient à quelque genre d'industrie
casanière. Ici, ils fabriquent des rouages
d'horlogerie ; là, ils sculptent des jouets
d'enfant; ailleurs, ils tissent des toiles ou
des serges ; et, sur les montagnes de Tarare,
ils fabriquent des mousselines qui rivalisent
avec les plus belles de l'Inde.

Dans ces montagnes où aucun genre de
luxe n'a pénétré, et dont l'habitant n'est
jamais détourné de son travail par ces écarts
de conduite qui altèrent la moralité de l'ouvrier des villes, le salaire est à bas prix ; et
si les travaux de fabrique viennent à languir,
l'existence des habitans, qui repose sur la
sobriété, n'est jamais compromise, et la

tranquillité publique n'en est pas troublée.

Une autre cause qui nuit beaucoup au succès des établissemens en France, c'est la manie des constructions : ce reproche nous est fait généralement par les étrangers, et je pense qu'il n'est que trop fondé. Comme, dans ce genre de dépenses, il est difficile d'établir des calculs exacts, il arrive souvent que les capitaux qu'on destinoit à l'industrie sont épuisés par les bâtimens ; alors le fabricant se voit forcé de souscrire des emprunts, de contracter des engagemens onéreux, de grever les produits industriels d'un intérêt qui devroit leur être étranger, etc.; ne pouvant pas en élever la valeur au niveau de ses dépenses, il ne peut plus concourir sur les marchés, et, peu à peu, il consomme sa ruine. En fait de fabriques, il n'y a qu'un genre de luxe qu'on doive se permettre ; c'est celui des améliorations : il consiste dans l'emploi des machines les plus parfaites, l'exécution des meilleurs procédés, la division la plus utile du travail, l'usage des matières premières de bonne qualité, etc.

Une autre condition, sans laquelle aucune

industrie ne peut avoir de durée, consiste dans la bonne administration d'une entreprise et dans la police rigoureuse des ateliers. J'observe, depuis long-temps, qu'il ne suffit pas d'apporter de grandes lumières pour faire prospérer un établissement, il faut encore savoir le conduire ; le talent peut le créer, mais il n'appartient qu'à une bonne administration de le consolider. Une économie bien calculée, une bonne division du travail, des connoissances profondes pour les achats et les ventes ; tels sont les principaux élémens d'un succès durable. Ce seroit atteindre, sans doute, à la perfection que de réunir le mérite de l'administrateur au talent de l'artiste ; mais, si je me trouvois dans l'impossibilité d'associer ces deux qualités, et que je fusse forcé à me décider pour l'une des deux, je préférerois la première. L'imagination fougueuse d'un artiste a besoin d'être modérée par la sagesse de l'administrateur : le premier ne voit que le mieux, et, trop souvent, il ne consulte que son amour-propre pour y arriver ; le second compare sans cesse la dépense à la recette, et il ne poursuit que ce qui est avantageux à ses intérêts.

L'ordre qu'on établit dans les travaux d'une fabrique, la police qu'on fait observer dans les ateliers, la surveillance continue qu'on exerce sur les matières et les ouvriers, sont tout autant de causes de succès, et il est rare qu'on voie prospérer un établissement où ces conditions ne se trouvent pas réunies.

Il arrive encore souvent que des capitalistes, séduits par des *Prospectus* emphatiques, par l'amorce trompeuse de profits exagérés, risquent leur fortune dans des entreprises qui sont étrangères à leurs connoissances et à leurs habitudes ; ils ne peuvent, dès lors, ni en calculer les dépenses, ni en surveiller les opérations ; ils sont, pour ainsi dire, entraînés malgré eux ; ils suivent, en aveugles, la carrière qu'on leur a ouverte ; et, lorsqu'ils ont atteint les bornes pécuniaires qu'ils s'étoient prescrites, on leur présente des résultats sûrs et prochains, on obtient de nouveaux sacrifices de leur part, et, de promesse en promesse, on les pousse à une ruine totale. J'ai constamment observé que les établissemens d'industrie ne prospéroient que dans les mains de ceux qui pouvoient en diriger les opérations, et assurer le bon emploi de leurs dépenses, d'après des connoissances relatives à l'objet qu'on se propose d'exploiter.

Je me suis toujours méfié de ces nombreuses associations où l'intérêt de tous est confié à un seul, où il est difficile de réunir cette uniformité de vues et de moyens qui est si utile pour arriver au but : on voit régner rarement, dans ces sortes d'entreprises, cette économie sage et éclairée qui est un des élémens du succès : souvent même le directeur regarde les dépenses comme le seul moyen de prolonger son bien-être, bien convaincu qu'une société composée de riches actionnaires se décide difficilement à abandonner un projet pour l'exécution duquel elle a fait déjà de grands sacrifices.

CHAPITRE III.

Des Traités de Commerce.

Depuis que le commerce a lié les nations par leurs intérêts respectifs, les gouvernemens ont voulu régler la nature et les conditions des échanges ; et tous ont cru stipuler, par ces traités, des avantages mutuels.

Tous les traités de commerce conclus jusqu'à ce jour, déterminent les matières brutes ou fabriquées qui peuvent être importées et exportées, et fixent le tarif d'après lequel les droits seront perçus à l'entrée ou à la sortie.

Sans doute ces contrats ont pu paroître nécessaires dans des temps où l'industrie étoit si inégale entre les peuples, que les produits ne pouvoient en être comparés ni pour les prix ni pour la qualité; ils ont pu surtout paroître utiles pour s'approvisionner avec avantage de quelques productions particulières du sol qui entrent dans les besoins de la société, et c'est en considération de ces échanges qu'on a stipulé des faveurs auxquelles ne participoient pas les peuples étrangers au traité.

Néanmoins les traités de commerce ont constamment montré des inconvéniens et entraîné des suites fâcheuses qui n'ont jamais cessé de se reproduire.

1°. Une nation qui se lie par un contrat avec une autre nation, lui accorde nécessairement des avantages qu'elle refuse aux autres : ainsi elle provoque des représailles de la part de ces dernières : si elle s'ouvre un débouché d'une part, elle s'en ferme d'autres ; conséquemment elle se met en hostilité commerciale avec le plus grand nombre.

2°. Une nation qui stipule pour un temps déterminé la concurrence dans sa consommation entre les produits de son industrie et ceux d'une autre industrie plus parfaite, appelle la défaveur sur les siens, décourage l'entrepreneur, sacrifie la richesse de la main d'œuvre, et se constitue pour long-temps tributaire de sa rivale.

3°. Les changemens qui surviennent dans l'industrie, les événemens politiques, le progrès des lumières, modifient sans cesse la position des peuples, et font naître de nouveaux intérêts qui souvent ne peuvent pas s'allier avec les conditions du traité.

4°. A peine a-t-on commencé à exécuter un traité de commerce que l'une des parties contractantes s'aperçoit qu'elle est lésée dans ses intérêts : elle cherche alors à éluder l'exécution ; la querelle s'engage, et l'on s'estime heureux si la rupture du traité n'entraîne pas une guerre déplorable. Peu de traités jusqu'ici ont reçu leur exécution jusqu'au terme prescrit.

5°. Un traité de commerce entre deux puissances de forces inégales, est un acte d'asservissement pour la plus foible.

Indépendamment de ces inconvéniens qui me paroissent inhérens à la nature des traités de commerce, on peut encore ajouter que c'est presque toujours sur de faux calculs qu'on en établit les bases.

Si on stipuloit dans un traité qu'on recevroit de part et d'autre les productions territoriales des deux pays, alors l'intérêt seroit réciproque.

Si l'on convenoit que les seuls produits, fabriqués avec les matières propres à chaque pays, formeroient la base des échanges, il seroit encore possible de concilier les intérêts.

Mais lorsque ces contrats reposent sur le commerce des produits de l'industrie d'un pays contre les productions territoriales d'un autre, dès lors il y a lésion. La nation qui échange ses produits industriels contre les productions de la terre, s'est déjà appropriée une main d'œuvre qui quadruple la valeur des objets qu'elle donne; elle a donc déjà enrichi sa population, tandis que celle qui fournit en retour des bois, des laines, du lin, du chanvre, des métaux, des graines, n'a pas exercé son industrie sur ces productions, et se prive, en faveur de la première, d'une immense main d'œuvre : dans ce cas, il peut y avoir égalité de valeur dans les échanges, mais il n'y a pas égalité de bénéfices.

De là vient que les traités ont toujours été à l'avantage des nations manufacturières. Pendant les trois années qui ont suivi la conclusion du traité de 1786 entre la France et l'Angleterre, cette dernière a importé annuellement chez nous, pour une valeur de 60,000,000 fr., tandis que la France n'a exporté que pour 30,000,000 fr. C'eût été déjà un grand désavantage pour la France ; mais il s'accrut encore par la nature des échanges.

Il ne faut donc pas s'étonner si les nations manufacturières cherchent à se lier par des traités avec les nations agricoles, et si elles emploient tour à tour la ruse de la politique et l'ascendant de la force pour en faire contracter.

Supposons, pour un moment, qu'en vertu d'un traité de commerce, une nation agricole livre pour un million de laine et qu'elle

reçoive pour une pareille somme en draps,
on croiroit que la balance du commerce
entre les deux nations est égale ; mais si
l'on considère que le quart de cette laine a
suffi pour former la valeur d'un million
en étoffe, on verra que la nation manufacturière a augmenté sa richesse des trois
quarts, et que presque tous ses bénéfices
sont restés chez elle en main d'œuvre. Ainsi,
comme la main d'œuvre employée à la production de la laine, n'est pas à beaucoup
près dans la proportion de celle qui est
nécessaire pour fabriquer une quantité d'é-
toffe de valeur égale, il s'ensuit que la
nation manufacturière bénéficie tout le prix
d'industrie sur l'autre. Ce n'est donc point
sur la quotité de la valeur comparée des
échanges, mais sur la nature des objets
échangés qu'il faut établir la balance du
commerce.

Sans doute, si les traités de commerce
stipuloient la nature et la quantité des produits du sol et de l'industrie, qu'on se donneroit en échange, il seroit possible, par le
calcul, de balancer les avantages respectifs :
mais dans ce cas les conditions du contrat
seroient inexécutables, car les gouverne-

mens peuvent bien conclure des traités, mais l'exécution en appartient au consommateur, qui se règle toujours d'après son goût et sa fortune, et qui, à coup sûr, repousseroit des produits dont on lui prescriroit impérieusement l'usage et la quantité.

Mais seroit-il donc vrai que les relations commerciales entre les nations, ne pussent s'établir que par des traités de commerce ? Les convenances, la position, le besoin, la nature des productions du sol et de l'industrie ne forment-ils pas les liens les plus naturels ? Une nation qui manque de blé n'ira-t-elle pas en chercher chez celle où il abonde ? Celle qui ne recueille pas de vin ne peut-elle s'approvisionner de cette boisson que par des traités ? Livrez le commerce à lui-même, laissez-lui la liberté de ses opérations, et vous verrez bientôt s'établir l'équilibre entre les besoins et les ressources.

Que reste-t-il donc à faire à une nation pour ses intérêts agricoles, commerciaux et manufacturiers ? Perfectionner son industrie, améliorer sa culture, conquérir la confiance par la bonne foi, voilà où doivent tendre tous ses efforts. Le consommateur de tous les pays, qui n'est mu que par son intérêt, recherchera alors les produits de notre sol et de nos fabriques ; et nos relations commerciales seront dès lors non le résultat d'un traité, mais celui de l'accord tacite mais général entre les peuples.

Que reste-t-il à faire au gouvernement ? Encourager l'industrie, protéger la propriété, et publier une loi franche sur les douanes, qui fasse connoître aux nations les conditions d'après lesquelles on recevra les produits étrangers. Comme cette loi sera égale pour toutes les nations, la France pourra exiger qu'il y ait réciprocité ; car, sans cela, on l'autoriseroit à user du droit de représailles. Cette loi doit être stable, parce qu'elle sera un engagement solennel envers l'Europe, et que rien ne peut porter plus de préjudice au commerce que la versatilité de la législation.

CHAPITRE IV.

Des Règlemens de fabrication.

Vers le milieu du dix-septième siècle, la France ne possédoit encore que des manufactures destinées à fournir des produits grossiers aux besoins de ses habitans ; la draperie fine, ainsi que nous l'avons déjà observé, étoit fabriquée en Hollande et en Espagne ; les belles soieries nous étoient fournies par l'Italie ; la bonneterie venoit d'Angleterre, et la Hollande et le Brabant étoient supérieurs par les toiles et les dentelles.

Colbert paroît, et son génie dégage le commerce de toutes ses entraves ; il appelle l'étranger dans nos ports ; il forme la compagnie des Indes occidentales, et celle des Grandes-Indes ; il accorde 30 fr. par tonneau d'exportation, et 50 fr. par tonneau d'importation ; il donne une prime de 5 fr. par tonneau pour encourager la construction des navires marchands : en peu d'années les mers sont couvertes de nos vaisseaux, et nos ports remplis de ceux de toutes les nations.

Si le commerce doit sa régénération à Colbert, les principales branches d'industrie lui doivent aussi leur naissance : les fabricans les plus distingués sont appelés pour s'établir en France, leurs nombreux élèves se répandent bientôt dans les provinces ; et, dans le court espace de six ans, il a la douce satisfaction de compter 42,200 métiers employés à fabriquer de beaux draps.

L'industrie, justement orgueilleuse de ses succès, craignit bientôt qu'on n'altérât les bonnes méthodes de fabrication dont on venoit de l'enrichir ; elle crut être arrivée à la perfection ; elle voulut rendre les procédés invariables en faisant prescrire partout le même mode de fabrication ; de toutes parts, les manufactures sollicitèrent des règlemens, et Colbert souscrivit à leurs vœux.

Ces règlemens ne sont, à la vérité, que la description exacte des meilleurs procédés de fabrication ; et, sous ce rapport, ils forment des instructions très-utiles ; mais ces règlemens étoient exclusifs, l'artiste ne pouvoit pas s'en écarter, la stricte exécution en étoit commandée, et les inspecteurs brisoient les métiers, brûloient les étoffes, prononçoient des amendes, toutes les fois qu'on se permettoit quelques changemens dans les méthodes prescrites.

Le génie resserré dans d'étroites limites, n'avoit plus de liberté pour produire : ce qu'on fabriquoit étoit bien, mais il étoit défendu de faire mieux.

Sous le régime des règlemens, l'artiste habile est contraint d'imiter et de copier, sans pouvoir s'élever aux perfectionnemens dont tous les arts sont susceptibles ; et asservir la fabrication de demain à ce qu'elle est aujourd'hui, c'est prendre son horizon pour les bornes de la terre, c'est méconnoître la marche graduelle de nos connoissances, c'est étouffer le génie producteur, et courber sous le même joug l'homme habile et l'ouvrier stupide.

Colbert ne consentit à prescrire ces règlemens que pour accoutumer le fabricant à de bonnes méthodes, et donner à nos fabriques la réputation de faire aussi bien que partout ailleurs : il voulut présenter à l'Europe de bons produits constamment uniformes, pour attirer et consolider la confiance ; il crut extirper, par ce moyen, les préjugés et les mauvaises routines qui s'étoient établies dans les ateliers ; mais jamais non jamais, ce grand homme n'a pensé que l'empire des règlemens dût être durable, et j'en appelle à sa fameuse instruction du mois d'août 1669 (article 24), où il recommande aux inspecteurs de ne point avoir égard au nombre de fils prescrits par les règlemens, *à cause*, dit-il, *que les laines et leur filage n'étant pas égaux en tous lieux, le nombre des fils et portée, augmente ou diminue selon la finesse et la grosseur de la laine et de son fil ; et il suffit d'avoir spécifié la largeur uniformément pour toutes les étoffes de même nom et qualité.* C'est donc à tort qu'on a entaché la mémoire de Colbert de tout l'odieux des règlemens ; ce qu'il a fait à ce sujet peut être légitimé par les circonstances ; mais ce qu'ont fait ses successeurs porte le cachet d'une ignorance impardonnable.

Pour bien faire connoître les inconvéniens qui sont une suite naturelle des règlemens de fabrication, il suffit de jeter un coup d'œil rapide sur ceux qui ont été prescrits pendant un siècle : on verra constamment l'industrie manufacturière, luttant contre ses entraves, sollicitant chaque jour des modifications aux règlemens pour pouvoir imiter les produits de l'industrie étrangère, perdant ses débouchés au dehors par l'impossibilité de varier sa fabrication, et de l'assortir au goût du consommateur; on verra le gouvernement occupé sans relâche à ramener l'industrie à l'exécution littérale des procédés prescrits, à étouffer, dès son origine, toute pensée d'amélioration, et à remplir les ateliers de commis, d'inspecteurs, de marqueurs, comme pour en faire émigrer la bonne foi, l'émulation et le génie.

ARTICLE PREMIER.

Des Règlemens concernant la fabrication des Étoffes de laine.

Une ordonnance du mois d'août 1669, prescrit les longueurs et largeurs que doivent avoir les draps, les serges, les rases façon de Chartres, de Châlons et de Reims, les camelots, les bouracans, les étamines, les frocs, les droguets, les tiretaines, etc.

Dans le court intervalle de quatre mois, tous les métiers devoient être mis à la largeur et longueur prescrites par l'ordonnance: après ce terme, les anciens métiers devoient être brisés, et les propriétaires condamnés

à trois francs d'amende par métier, si l'ordonnance n'avoit pas reçu son exécution.

Les corps et communautés des drapiers
et sergers devoient être composés de tous
les maîtres ; nul autre ne pouvoit fabriquer des draps et serges, à peine de confiscation desdites étoffes, et de cent cinquante
francs d'amende.

Pour tenir la main à l'exécution des statuts, on nommoit des gardes ou jurés asser-
mentés en nombre suffisant.

L'ordonnance accorde six mois pour vendre les étoffes fabriquées avant le règlement,
et ordonne de les faire marquer ; elle prononce confiscation après le terme prescrit,
et cent francs d'amende contre l'acheteur.

Les draps, serges et étoffes étoient visités
au retour du foulon, et marqués s'ils étoient
conformes au règlement ; dans le cas contraire, ils étoient confisqués.

Les laines destinées auxdites manufactures devoient être vues et visitées par les
gardes et jurés avant d'être exposées en vente;
les propriétaires ne pouvoient ni les mouil-
ler, ni les tenir dans un lieu humide, ni
mêler différentes qualités, à peine de cent
francs d'amende pour chaque contravention

Il devoit y avoir en chaque lieu de manufacture, un local convenable où les *façonniers* et ouvriers apportoient leurs marchandises pour y être visitées et marquées.

D'après cette ordonnance qui contient beaucoup d'autres dispositions réglementaires, tous les pays de fabrique et tous les genres de fabrication en laine reçurent des règlemens qui prescrivoient le nombre de fils qu'on devoit donner à la chaîne, la largeur du peigne, la qualité de laine pour la trame et la chaîne, etc.

Chose étrange! ces règlemens étoient demandés et sollicités avec instance, par tous les corps et communautés : ils craignoient que les bonnes méthodes dont on venoit de les enrichir, ne se perdissent ou ne fussent altérées ; et le plus sûr moyen de les conserver, de les perpétuer, leur paroissoit celui d'en prescrire et d'en surveiller l'exécution rigoureuse.

Mais comme les fabricans ne pouvoient, ni maîtriser le goût du consommateur, ni empêcher les perfectionnemens que l'industrie recevoit dans les pays étrangers, ils ne tardèrent pas à s'apercevoir que leur industrie restoit en arrière de celle des peuples voisins, et que ceux-ci, variant, améliorant leurs procédés de fabrication, conformoient leurs produits aux caprices de la mode, et les assortissoient au goût du consommateur de tous les pays. La réputation de nos fabriques se soutenoit toujours pour les objets réglementés, mais la consommation diminuoit, parce que les étrangers, libres dans leur fabrication, employoient moins de matière, forçoient les apprêts, varioient à l'infini les tissus, les conformoient à tous les goûts, les proportionnoient à toutes les fortunes et s'emparoient, peu à peu, de tous les débouchés.

Dans cet état de choses, le gouvernement, au lieu de rompre les entraves réglementaires, et de délier l'industrie pour lui rendre toutes ses forces, s'est constamment borné à modifier et à varier ses règlemens.

L'ordonnance de 1669 avoit prescrit des largeurs pour les draps du Levant : l'arrêt du conseil du 22 octobre 1697 en détermine de nouvelles, et celui du 20 novembre 1708 y fait encore des changemens.

La même ordonnance avoit fixé la largeur d'une aune pour les serges, ratines et estamets du Dauphiné, tandis qu'auparavant elle étoit de trois quarts d'aune. Les étrangers qui consommoient immensément de ces étoffes, refusèrent de les recevoir dans les nouvelles dimensions ; et ce ne fut que le 25 février 1698 que les fabricans furent autorisés à revenir aux anciens procédés ; mais le consommateur s'étoit ouvert d'autres sources d'approvisionnement ; les habitudes avoient changé ; les relations avoient cessé, et cette belle branche d'industrie fut encore sacrifiée aux règlemens.

Un arrêt du conseil du 22 décembre 1703 avoit prescrit de nouvelles dimensions pour les étoffes connues sous les noms de bayettes, sempiternes, anacostes, etc. Ces étoffes furent à l'instant repoussées de la consommation chez l'étranger ; et, par arrêt du 13 janvier 1705, on fut forcé de rétablir les largeurs qui, jusque-là, en avoient assuré le débit.

Un arrêt du conseil du 26 septembre 1718 avoit réduit à vingt aunes la longueur des camelots d'Ambert ; celui du 26 juillet 1739 les porta à trente, parce que l'Italie et la Sardaigne n'en tiroient plus.

L'arrêt du 20 janvier 1743 avoit réglé les largeurs de tous les draps qu'on fabriquoit à Sedan : des réclamations générales firent rendre celui du 12 janvier 1744, qui modifie les largeurs des draps de la seconde qualité.

L'arrêt du 25 juillet 1725 avoit défendu aux fabricans de Rouen de réunir dans la même main la fabrication des draps fins et celle des draps communs; les plaintes du commerce obtinrent la révocation de l'arrêt, mais ce ne fut que le 18 avril 1758.

En 1779, l'industrie se crut enfin affranchie de ses règlemens ; on l'autorisa à *fabriquer librement*, sous la condition de distinguer, par une marque, les produits *libres* de ceux qui étoient faits d'après les règlemens ; mais cette liberté ne fut pas de longue durée, les préjugés et les habitudes prévalurent sur l'exemple que nous donnoient nos voisins, et des lettres-patentes de 1780 et 1781 replongèrent l'industrie manufacturière dans le chaos du régime réglementaire.

Si nous suivions la marche de l'industrie chez les divers peuples, nous verrions que la manie des règlemens a été générale : partout elle s'est emparée des arts à leur berceau, et les a constamment retenus captifs sur la ligne qu'elle leur traçoit; mais nous verrions aussi que les arts n'ont prospéré que là où ils ont pu se dégager de cette honteuse servitude, et éclairer leur noble carrière par les lumières de leur siècle.

L'Angleterre, qui peut nous servir d'exemple, parce que, la première, elle est arrivée de nos jours à un grand degré de perfection dans les arts, a eu aussi ses règlemens de fabrication : les lois réglementaires d'Édouard IV, de Richard III, de Henri VII et de Henri VIII, étoient presque aussi rigoureuses que les nôtres, et, sous leur influence, l'industrie a fait peu de progrès; mais la révolution qui s'opéra dans le dix-septième siècle, fit tomber en désuétude tous ces règlemens : elle rendit à l'industrie et au commerce la liberté dont ils avoient besoin, et c'est de cette époque que datent leurs développemens. La prospérité de ce royaume s'est successivement accrue par l'étendue de ses possessions lointaines, par l'utile application des découvertes et des lumières du siècle, et surtout parce que le gouvernement a senti de bonne heure que le commerce et l'industrie étoient les deux bases fondamentales de sa puissance, et qu'il les a encouragées par tous les moyens qui étoient en son pouvoir.

Ainsi l'industrie angloise étoit dégagée de toute entrave lorsque la nôtre étoit encore enlacée dans les langes de l'enfance ; elle varioit et perfectionnoit ses produits tandis que nous nous traînions, en esclaves, sur le chemin de la vieille routine ; elle étudioit le goût et les besoins du consommateur ; elle lui présentoit des produits assortis à ses facultés, et nos manufactures le fatiguoient, au contraire, par l'uniformité des leurs ; elle parvint enfin à dominer, par le prix et la variété de ses étoffes, sur tous les marchés du monde.

ARTICLE II.

Des Règlemens concernant la fabrication des Étoffes de soie.

L'arrêt du 8 avril 1666 porte que les marchands-ouvriers en drap d'or, d'argent et de soie, dans les villes de Paris, Tours et Lyon, formeront un corps séparé d'avec les tissutiers et rubaniers, et qu'il y aura, à cet effet, deux corps de maîtrise.

D'après cet arrêt, les premiers pouvoient seuls travailler aux grandes manufactures.

en étoffes d'or, d'argent et de pure et fine soie, façon, largeur et bonté d'Italie, tandis que les seconds ne pouvoient fabriquer que le ruban et les étoffes d'une largeur au-dessous d'un tiers d'aune.

Les étoffes d'or, d'argent et soie, à grandes dimensions, étoient connues sous le nom d'étoffes de *la grande navette*, et celles des *rubaniers* et *tissutiers* sous celui d'étoffes de *la petite navette*.

Le 27 mars, le 13 mai, le 9 juillet 1667, on donna des statuts aux fabriques de Paris, Tours et Lyon, qui leur prescrivoient le seul genre de fabrication qu'elles pouvoient entreprendre, et déterminoient la portée des peignes pour chaque étoffe, le nombre des fils, la largeur du tissu, la nature et la qualité des soies, etc.

Le 19 juin 1744, le gouvernement fit paroître de nouveaux statuts, pour la fabrique de Lyon, dont le premier article porte que nul ne sera reçu maître s'il ne professe la religion catholique, apostolique et romaine; et l'article Ier du titre V ordonne que nul ne pourra être reçu apprenti s'il est marié, s'il n'a pas quatorze ans, s'il est né hors la ville de Lyon, le Forez, le Beaujolois, le Bourbonnois, la Bresse, le Bugey, l'Auvergne ou le Vivarais.

Un arrêt du conseil du 27 mai 1746 donne de nouveaux réglemens à la fabrique de Tours.

Tous ces réglemens étoient fondés sur les meilleurs procédés de fabrication qui fussent alors connus, et ils en consacroient l'exécution : mais le consommateur, qui prononce sans appel sur le sort d'une fabrique, a voulu plus de variété dans les tissus, et des étoffes à plus bas prix ; il a bien fallu se conformer à ses goûts, et l'on a été forcé de fabriquer des étoffes brillantes et légères qui, sans avoir la solidité des anciennes, étoient préférées à cause du bas prix, et recherchées par leur éclat et leur variété. On a crié, comme de coutume, à la ruine de la fabrique, à la perte des bons procédés, mais l'industrie, en se pliant au goût du consommateur, l'a retenu dans sa dépendance, et a conservé ses avantages sur l'industrie étrangère. A la vérité, on voit peu aujourd'hui de ces taffetas *corcés* qu'on léguoit aux générations futures, parce que les femmes, qui usent moins qu'elles ne ternissent, préfèrent ces étoffes légères qu'on leur donne à bas prix; ayant une somme déterminée à dépenser, elles aiment mieux avoir deux robes qu'une seule.

La liberté de fabrication, en donnant un libre cours aux facultés de l'artiste, crée sans cesse de nouveaux genres, et imprime à tous un goût, une élégance, une propreté qui séduisent, entraînent et multiplient les acheteurs. La variété des étoffes satisfait seule à tous les goûts, à toutes les fantaisies; elle va au-devant de la mode qu'elle provoque, et les prix différens de ses produits appellent le consommateur de toutes les classes de la société.

Le manufacturier qui fait fabriquer, dans ses ateliers, des étoffes de soie brochées d'or et d'argent, réunit sans doute de grandes connoissances dans l'art, et une habileté peu commune pour l'exécution; mais celui qui met ses produits à la portée de la classe la plus nombreuse de la société, emploie dans le même temps beaucoup plus de soie, un plus grand nombre d'ouvriers, et donne plus de travail au teinturier, au tailleur, etc. Ce dernier contribue donc plus puissamment à la richesse nationale. Le luxe de quelques particuliers concourt bien foiblement à la fortune publique; quelques riches vêtemens, des ameublemens somptueux ne sont trop souvent que les enseignes d'une misère générale; sans doute la vanité d'une nation pourra être flattée de voir sortir de ses ateliers ces chefs-d'œuvre de l'industrie, et je suis loin de la condamner; mais ces chefs-d'œuvre n'intéressent qu'une classe peu nombreuse de la société, et ils entrent presque pour rien dans la prospérité publique; tandis que les produits qui sont à la portée de tous les états, de tous les degrés de fortune, emploient une masse énorme de matière première, occupent tous les bras, s'introduisent partout, animent le commerce et enrichissent un pays.

ARTICLE III.

Des Réglemens concernant la fabrication des bas de soie et autres ouvrages de bonneterie.

Le premier établissement de métiers à bas qu'on ait fait en France, a été formé par J. Hindret, sous le ministère de Colbert, au château de Madrid, dans le bois de Boulogne.

Dès le mois de février 1672, on érigea en titre de maîtrise et communauté, la ma-

nufacture de bas et tous ouvrages de soie
et bonneterie qui se font au métier.

Les mêmes lettres-patentes déclarent que
les deux cents premiers maîtres qui sorti-
ront de la manufacture d'Hindret, recevront
chacun 200 fr., pour leur faciliter les moyens
d'acheter un métier fabriqué dans les ateliers
du château de Madrid.

Le même jour, le roi donna des règlemens aux maîtres et ouvriers en bonneterie.

Ces règlemens prescrivent la nature de
soie qu'on doit employer, le nombre de
brins dont doit se composer chaque fil, le
poids que doit avoir une paire de bas, les
formes d'apprentissage, les épreuves pour
les maîtrises, etc.

Un arrêt du 30 mars 1700, ordonne que
les maîtres faiseurs de bas et autres ouvrages
de soie, fil ou coton, établis dans vingt-
quatre villes spécifiées, suivront les statuts
de 1672, et leur défend de travailler dans
le genre de ladite manufacture, ailleurs
que dans les vingt-quatre villes ; il ordonne
que les soies qui, par le premier arrêt, devoient être de quatre brins, seront portées
à huit.

L'arrêt de 1717 (16 octobre) prescrit

le poids de quatre onces pour les bas
d'hommes, et celui de deux onces et demie
pour les bas de femmes ; il autorise à fabriquer des bas pour l'étranger, de moindre
poids et de moins de huit brins ; il permet
à la ville de Lyon de fabriquer des bas noirs
avec la soie teinte, et maintient la prohibition pour les autres villes de fabrique.

L'arrêt du 6 mars 1719, porte que les bas
de filoselle et de fleuret pèseront cinq onces,
et ceux pour femmes, trois onces.

L'arrêt du 22 novembre 1720, autorise à
fabriquer des bas à deux fils, pour l'Italie,
l'Espagne et autres pays du midi.

L'arrêt du 28 août 1721, étend le privilége ci-dessus aux fabriques de Toulouse,
Carcassonne et autres lieux.

On peut pardonner à Colbert, qui venoit
d'enrichir la France du métier à bas et d'assurer une bonne et économique fabrication,
d'avoir craint que les bons procédés ne
s'altérassent dans les mains des nombreux
élèves qui, des ateliers d'Hindret, se répan-
doient dans les provinces : il crut ne pas
devoir laisser divaguer une industrie naissante, et il l'assujettit à des réglemens qui
n'étoient que l'exécution littérale des pro-

cédés suivis à la fabrique d'Hindret , mais du moment que l'art fut irrévocablement fixé , ces règlemens devoient disparoître , et l'on voit avec peine que, cinquante ans après , on cherche encore à diriger cette belle industrie , comme aux jours de son enfance : on désigne les seules villes où l'on puisse exercer cette profession ; on détermine un poids invariable pour chaque paire de bas ; on prescrit le nombre de brins qui doivent composer le fil, etc.; on borne par conséquent à une seule sorte, la qualité de bas qu'on peut fabriquer ; on ne laisse à l'artiste, ni le choix de l'emplacement, ni la possibilité de travailler pour la classe moins fortunée. On veut absolument des bas de quatre onces et des fils de huit brins, et le consommateur remplace successivement les bas de soie ainsi règlementés par des bas de coton ou de lin. C'est ainsi qu'on perd l'industrie nationale et qu'on favorise celle de l'étranger.

ARTICLE IV.

Des Règlemens concernant la fabrication des toiles et toileries.

Des lettres-patentes du mois d'août 1676 ,

donnent des réglemens aux fabriques de toile, dans la généralité de Normandie, et prescrivent la qualité de lin et de chanvre, ainsi que le nombre de fils qu'on doit employer pour les toiles blancardes, fleurets et réformées, de même que la largeur et la longueur qu'elles doivent avoir ; elles défendent de pouvoir les blanchir ni les acheter sans qu'elles soient marquées.

Un arrêt du conseil de 1701 change le nombre de fils, porte les fleurets à 2,200 au lieu de 2,600, les blancardes à 2,000 au lieu de 2,200, et fixe de nouvelles longueurs et largeurs.

L'arrêt du conseil du 22 septembre 1711, prescrit l'obligation de porter en écru à la halle de Rouen, toutes les toiles sortant du métier, pour y être visitées et marquées avant le blanchissage.

Le règlement du 7 avril 1690, la déclaration du 3 novembre 1715, les arrêts du conseil du 22 février 1722, du 22 février 1724, du 13 mars 1725, prescrivent des changemens aux dispositions de tous les réglemens antérieurs.

Un arrêt du 28 juin 1723, ordonne que toutes les manufactures de toiles à carreaux et rayées, siamoises, fichus, stinkerques, à l'exception de celles de la ville et faubourgs de Rouen, cesseront toute fabrication, depuis le premier juillet de chaque année, jusqu'au 15 septembre, sous prétexte de faciliter les travaux de la récolte.

Un autre arrêt du 20 février 1717, défend de commencer à blanchir les toiles de linon et de batiste avant le 15 mars, et d'en recevoir après le 10 octobre, à peine de 500 fr. d'amende.

L'arrêt du 24 août de la même année, porte l'amende à 1,500 fr.

L'arrêt du 9 mai 1728, défend de recevoir les toiles au blanchissage, passé le dernier septembre.

On peut présumer, sur l'énoncé de ces règlemens, qu'ils ont eu le résultat qu'on devoit en attendre : à mesure que l'industrie fait des progrès chez nos voisins ou que le goût du consommateur repousse les objets réglementés, le gouvernement est forcé de varier ses règlemens ; on le voit constamment occupé à donner à la fabrication la latitude qu'elle réclame, pour la mettre au niveau de celle de l'étranger, mais il enraye de nouveau l'industrie et arrête sa marche,

tandis que celle des peuples voisins poursuit ses progrès : de cette manière, l'industrie françoise a été constamment en arrière,
et il ne lui a été permis que d'imiter ce qui
se faisoit ailleurs, sans pouvoir jamais ni
dévancer ni marcher à côté de celle de
l'étranger.

D'autres règlemens ont déterminé des
époques de l'année où toute fabrication
devoit cesser dans toutes les campagnes :
cette prohibition avoit un but louable en
apparence, mais le motif étoit-il juste?
étoit-il applicable à toutes les positions, à
toutes les circonstances pour en faire une loi
générale? Avoit-on réfléchi que les nombreux ouvriers qui transportent leurs métiers dans les campagnes ou dans de petites
villes, par des motifs d'économie, n'ont que
cet état et qu'on compromet leur existence
en suspendant leurs travaux? Avoit-on calculé le mal que fait à une fabrique l'interruption de quelques mois? Avoit-on pesé
les conséquences d'une mesure qui tend à
dépeupler les campagnes et à amonceler les
ouvriers dans une ville? Ignoroit-on que le
travail est une propriété aussi sacrée que
toute autre, et que l'autorité ne peut ni en

disposer à son gré, ni l'interdire, ni l'engager sans blesser tous les droits.

On a poussé la manie de règlementer jusqu'à prescrire les époques de l'année où le blanchissage seroit permis, et on a prononcé de fortes amendes contre ceux qui transgresseroient la loi à cet égard : on a cru sans doute que le manufacturier n'avoit aucun intérêt à donner à ses toiles un beau blanc qui en assurât la vente et les fît rechercher du consommateur ; sous l'empire de ces règlemens, la belle méthode de blanchîment, généralement adoptée de nos jours, n'auroit pu s'établir, et nous serions privés d'un des procédés les plus utiles qu'on doive à la chimie moderne.

On voit que, dans cette législation, les fabricans, comme la fabrication, sont mis sous la tutelle de l'autorité, et que ni l'un ni l'autre ne peuvent faire un pas sans son intervention : qu'on ne demande plus après cela pourquoi notre industrie n'a pas prospéré.

ARTICLE V.

Des Règlemens concernant la fabrication des Chapeaux.

La chapellerie avoit échappé au système règlementaire ; mais un arrêt du 23 octobre 1699, vint l'atteindre à son tour, et n'autorisa que la fabrication de deux sortes de chapeaux, castor et laine.

Des réclamations s'élevèrent de toutes parts contre cet arrêt ; et elles eussent été probablement infructueuses si elles n'avoient été appuyées par l'adjudicataire du domaine d'occident et par les députés du Canada. Alors intervint un arrêt du 10 août 1700, qui permettoit de fabriquer quatre espèces de chapeaux.

1°. Castor pur marqué de la lettre C.

2°. Demi-castor, avec laine de vigogne et castor, marqué de la lettre D.

3°. Poil de lapin, chameau, avec vigogne et castor, marqué de la lettre M. (Poil de lièvre prohibé.)

4°. Laine pure, marqué L.

Le même arrêt porte confiscation de toute autre espèce de chapeaux, prescrit des visites et prononce 1,000 fr. d'amende.

Depuis que la liberté de fabrication a été rendue à l'art de la chapellerie, on a fait entrer dans la composition des chapeaux, plusieurs produits qui ne sont pas mentionnés sur la liste des matières dont on avoit exclusivement autorisé l'emploi : on a varié à l'infini les proportions des mélanges ; on a simplifié et amélioré les procédés ; et l'on fabrique aujourd'hui une si grande variété de chapeaux, qu'il y en a de toutes couleurs, de toute qualité, pour tous les états et toutes les fortunes ; ce qui ne peut exister qu'autant que l'industrie jouit d'une entière liberté.

ARTICLE VI.

Des Règlemens concernant la Teinture.

Une ordonnance du mois d'août 1667, réunit sous la même police et dans la même corporation, les marchands maîtres-teinturiers en laine, en soie et en fil, sans que néanmoins les teinturiers en laine puissent teindre la soie ni le fil, *et vice versâ*.

Des gardes et jurés étoient chargés de faire observer les statuts ; et, dans les villes où il y avoit teinture en laine, en soie et en fil, ils étoient pris pour chaque genre dans une proportion déterminée; ils étoient assujettis à faire au moins quatre visites par an, et recevoient du teinturier 10 sous par visite.

Soixante-quatorze articles sont consacrés à faire connoître les drogues qui doivent servir au décreusage et à former les différentes couleurs.

L'article 80 prescrit de faire des modèles de toutes sortes de nuances de couleurs à la diligence des gardes ou jurés, en présence du juge de police des manufactures, d'un marchand mercier, d'un marchand maître ouvrier en soie nommé par le juge de police, et de quatre des plus anciens maîtres teinturiers, dont deux en soie, un en laine et un en fil. Ces modèles devoient être renouvelés tous les ans, et composés de seize nuances de cramoisi, quatre de rouge, quatre d'écarlate, quatre de violet, et quatre de cannelle; tous d'une livre de laine, et autant de fil dans les mêmes nuances.

Le débouilli employé pour juger de la solidité de la teinture de la soie dans les seize nuances de cramoisi, devoit être fait par les gardes jurés. Ce débouilli étoit composé d'alun, poids de la soie, pour le rouge cramoisi; de savon, poids de la soie, pour l'écarlate; d'alun, ou d'une chopine de jus de citron par livre de soie, pour le violet cramoisi.

On faisoit bouillir les soies pendant un quart d'heure dans la dissolution de ces drogues; et lorsque la liqueur se coloroit en violet, on concluoit qu'on avoit employé l'orseille qui étoit réputée *faux teint*; lorsqu'elle se coloroit en rouge, c'étoit le Brésil; en aurore, c'étoit le roucou : la couleur n'étoit déclarée *bon teint* que lorsque le bouillon ne se coloroit pas sensiblement.

Pour connoître si les couleurs, dites *communes*, sont de *bon teint* ou surchargées de galle, on mettoit la soie dans l'eau bouillante avec poids égal de savon ou de cendres gravelées, et on faisoit bouillir.

Le 18 mars 1671, Colbert publia une instruction en 317 articles qui contient non-seulement tout ce qui regarde la jurisdiction pour les teintures en laine, mais des procédés très-exacts pour former toutes les couleurs en bon et petit teint : on y trouve encore des détails très-étendus sur la nature de tous les principes colorans et le pays qui les fournit.

Il établit cinq couleurs *matrices* ou premières, dont toutes les autres ne sont que des combinaisons ou des nuances; le bleu, le rouge, le jaune, le fauve et le noir. Il décrit avec soin les procédés pour teindre en toutes couleurs, et former toutes les nuances.

Il prohibe l'usage des bois de teinture, et ne permet l'orseille que pour les petites étoffes dont le prix n'excède pas vingt sous l'aune.

Il interdit les *grandes couleurs* ou couleurs *bon teint* aux teinturiers de petit teint, et ne leur permet que la teinture des étoffes dont le prix est au-dessous de 20 sous l'aune, ou de 3o sous pour celles qu'on emploie en doublure, et celle des vieux habits et étoffes usées.

Il prescrit le mode et la durée de l'apprentissage, les épreuves qu'on doit subir pour être reçu maître, etc.

Il défend d'employer pour toute espèce de teinture le bois de Brésil, le roucou, le safran bâtard, le tournesol, l'orcanette, la limaille de fer ou de cuivre, la moullée des taillandiers, couteliers et émouleurs, le vieux sumac, etc.

Il désigne les drogues qui, seules, peuvent se trouver chez l'un ou l'autre des teinturiers ; et il est défendu au teinturier *bon teint* d'avoir aucune de celles qui constituent la teinture *petit teint*, sous peine de confiscation et de 300 francs d'amende, *et vice versâ*.

L'ordonnance de 1667 avoit spécifié toutes les drogues qu'on regardoit alors comme *bon teint*, et toutes celles qu'on regardoit comme *petit teint*.

L'article 8 désigne les marchandises qu'on doit teindre en bon teint ; et l'article 30 condamne les teinturiers en petit teint à ne teindre que les frisons, les tiretaines, les serges pour doublure, et autres petites étoffes ; ou leur permet encore de teindre en gris, musc, etc., et non en autre couleur, les étoffes qui ne peuvent servir que de doublure.

On peut diviser ces règlemens de Colbert en deux parties : la première fournit une description très-exacte des procédés qu'on doit suivre pour avoir une bonne teinture ; les détails précis qu'on donne dans l'instruction, forment le meilleur traité de teinture qui fût alors connu ; et, sous ce rapport, on ne doit que de la reconnaissance au ministre qui les a rendus publics. La seconde partie comprend les règlemens qui astreignent les teinturiers à suivre invariablement les méthodes prescrites : ici se présente une considération qui, sans justifier le mode exclusif des règlemens, peut néanmoins légitimer, jusqu'à un certain point, ceux qu'on a cru devoir donner aux teintures : il n'en est pas de l'art du teinturier comme de celui d'un fabricant de tissus; les produits de ce dernier peuvent être appréciés à l'œil et à la main ; le consommateur en juge la qualité et il ne sauroit être trompé par le fabricant ; ainsi, lorsqu'il se détermine à acheter, il contracte avec connoissance de cause. Mais il en est autrement des couleurs ; l'œil le plus exercé, le tact le plus fin, ne peuvent point distinguer une teinture *bon teint* d'une teinture *faux teint :* le consommateur peut donc être trompé ; et il peut l'être avec d'autant plus de facilité, que les couleurs fausses sont assez généralement plus brillantes et séduisent l'acheteur. Il faut donc une sorte de garantie au consommateur, pour n'être pas trompé, et Colbert a cru la lui donner par ses règlemens.

Mais pour donner cette garantie au consommateur, est-il donc nécessaire de recourir aux règlemens? de prescrire des procédés uniformes et invariables? d'arrêter les progrès de l'art, et d'interdire les perfectionnemens? Je crois qu'on peut arriver au même but par d'autres moyens.

En convenant que tout homme a le droit d'exercer son industrie comme il l'entend, de fabriquer comme il lui plaît, de teindre par les procédés et avec les matières qui lui conviennent, il me paroît nécessaire que le gouvernement interpose son autorité et stipule pour l'intérêt du consommateur, toutes les fois que, malgré lui, la bonne foi de ce dernier peut être trompée et sa fortune compromise. J'ajouterai même que cette garantie est toute dans l'intérêt de l'industrie, car nous parviendrions bientôt à l'exiler des marchés de l'Europe, si elle y présentoit des couleurs fausses, au lieu de ces couleurs solides qui y ont établi sa réputation.

Pour arriver à ce but, je n'irai pas prescrire de nouveau des procédés de teinture uniformes, invariables; ni rétablir des jurés , des inspecteurs , etc. Il suffiroit d'une loi qui enjoignît aux fabricans de mettre sur chaque pièce d'étoffe, leur nom, celui de la ville où est située la fabrique, et de varier la lisière du tissu selon la qualité de la couleur. On pourroit adopter la lisière rouge ou bleue pour la couleur *bon teint*, la jaune ou blanche pour le *faux teint*, et la verte ou la noire pour les couleurs qui sont formées par un mélange de couleur *bon teint* et de couleur *petit teint* : je propose deux couleurs parce qu'il est possible que le corps de l'étoffe soit de la couleur de la lisière, et qu'alors il y auroit confusion : ainsi, si l'étoffe est teinte en bleue *bon teint*, la lisière sera rouge ; si l'étoffe est teinte en rouge, elle sera bleue. Quant aux étoffes teintes en pièces, le teinturier seroit tenu de *réserver*, aux deux bouts, une rosette, pour garantir le bon teint : il n'en réserveroit aucune, pour la couleur faux teint, ni pour la couleur mélangée.

Ces marques distinctives qui ne sont pas pénibles pour le fabricant, parce qu'elles rentrent dans les habitudes de la fabrication, formeroient une garantie de la part du manufacturier, contre lequel la loi autoriseroit des poursuites et prononceroit des peines, en cas de *faux*.

Les plaintes seroient portées devant le juge de paix; elles ne pourroient être admises que dans l'intervalle de huit jours, après l'achat de l'étoffe; elles seroient dirigées contre le marchand qui exerceroit son recours contre le fabricant; deux experts, nommés par le juge de paix, seroient chargés de constater la qualité de la couleur, et le juge prononceroit sans appel. Le jugement seroit affiché dans la ville où se trouvent l'établissement du teinturier et la maison du fabricant.

L'essai qu'on peut faire d'une couleur pour en constater la solidité, n'est ni coûteux, ni long, ni difficile : les statuts de 1667 et l'instruction de 1671, prescrivent des procédés suffisans, tant pour la laine que pour la soie. Je propose ces moyens, avec d'autant plus de confiance, qu'ils me paroissent concilier l'intérêt de l'industrie avec celui du fabricant et du consommateur.

Ce mode de garantie seroit sans doute suffisant pour le consommateur de l'intérieur du royaume; mais comme il nous importe de conserver et d'assurer notre réputation au dehors, chaque ville de fabrique devroit être autorisée à nommer trois anciens fabricans qui seroient chargés de constater la qualité des couleurs, et qui imprimeroient sur les deux bouts de l'étoffe qu'on destine à l'exportation, les mots *bon teint* ou *faux teint*, selon le résultat de leurs épreuves ; dès lors la confiance renaîtroit parmi les consommateurs étrangers, et elle seroit inaltérable par la suite.

Ces garanties sont tellement nécessaires, qu'un fabricant de bonne foi peut être trompé lui-même par son teinturier ; je n'en citerai qu'un exemple : Camille Pernon, honnête et célèbre fabricant de Lyon, avoit été chargé de tout l'ameublement du château de Saint-Cloud ; il tenoit à honneur d'étaler dans cette belle résidence, tout ce que l'industrie pouvoit offrir de plus riche, de plus élégant, de plus somptueux, et il donna tous ses soins pour fabriquer les plus belles étoffes qui fussent sorties des ateliers de Lyon : mais quel fut son chagrin lorsqu'il vit par lui-même, que presque toutes les couleurs avoient été fanées et flétries en un an ! Cet habile fabricant s'en trouva si profondément affligé qu'il succomba bientôt à une maladie dont la seule cause fut l'infidélité d'un teinturier, en qui il avoit eu trop de confiance.

Il ne faudroit qu'un événement de cette nature pour perdre la fabrique de Lyon, dans le pays du nord où elle est le mieux accréditée.

Quant aux tissus colorés de lin, de chanvre ou de coton, on peut se borner, pour en éprouver les couleurs, à les faire tremper pendant un quart d'heure, dans de l'eau de lessive bouillante; lorsque les couleurs ne s'y dégradent pas, elles ont le degré de solidité convenable, attendu que dans l'usage habituel, on ne les soumet pas à de plus fortes épreuves.

Les couleurs qu'on imprime sur les toiles de coton, n'ont jamais la même solidité que celles qu'on donne au fil de coton dans les ateliers de teinture : quelques-unes résistent néanmoins aux lessives, mais d'autres ne peuvent supporter qu'un léger lavage au savon; plusieurs même se fanent au soleil, et on ne peut blanchir ces tissus que dans l'eau. Mais tout cela est connu des personnes qui en font usage, et il est inutile de faire des règlemens à ce sujet.

CHAPITRE V.

Opinion des manufacturiers sur les règlemens
de fabrication.

Les partisans des règlemens s'appuyent constamment sur trois ou quatre motifs qu'il importe d'apprécier.

1°. Les manufacturiers, disent-ils, en réclament le rétablissement.

2°. L'intérêt du commerce et de l'industrie dépend d'une fabrication qui puisse constamment offrir de bons produits, et cette fabrication ne peut être assurée que par les règlemens.

3°. Le consommateur n'a d'autre garantie dans ses achats, que celle que lui donne l'exécution des règlemens de fabrication.

Analysons ces différens motifs :

Du moment que la liberté de l'industrie a été reconnue, le nombre des fabriques s'est accru dans une grande proportion ; les chefs ouvriers et les compagnons se sont établis à côté des anciens maîtres : ceux-ci, forcés de renoncer au monopole de l'industrie qu'on avoit fixé dans leurs mains , n'ont pas vu sans regret prospérer leurs voisins; esclaves de leurs vieux procédés , ils ont repoussé les perfectionnemens qu'ils appeloient des *innovations*; le consommateur qui trouvoit mieux et à plus bas prix chez les nouveaux venus, a dédaigné leurs produits ; dès lors ils ont invoqué les règlemens et les corporations , sous le vain prétexte que le nouvel état des choses entraînoit la ruine de l'industrie.

Ces anciens privilégiés n'ont pas voulu voir qu'en multipliant les fabriques on établissoit une concurrence utile au consommateur ; ils n'ont pas vu qu'en augmentant le nombre des fabricans , on augmentoit les chances de perfectionnement; ils n'ont pas vu qu'en variant les produits on amorçoit le consommateur, et qu'en les assortissant à toutes les fortunes , on en décuploit la consommation. Si ces privilégiés avoient pu renoncer à leurs vieilles recettes, pour suivre pas à pas la marche progressive de l'industrie, ils auroient conservé, sur les nouveaux concurrens, les avantages que leur donnoient la fortune, l'habitude des travaux en grand , des établissemens tout formés et une clientelle assurée. Mais la plupart d'entre eux, séduits par des succès antérieurs, et croyant de bonne foi qu'on ne pouvoit pas faire mieux, ont laissé échapper l'industrie de leurs mains ; plusieurs même ont compromis une fortune loyalement acquise et une réputation jusques-là méritée, par une résistance et une obstination sans exemple.

Ce sont ces hommes, et ces hommes seuls, qui invoquent aujourd'hui des règlemens et demandent des corporations : des personnes séduites par leurs clameurs, mais étrangères à tout ce qui concerne l'industrie, s'en font les échos et publient hautement que les règlemens sont dans l'intérèt des manufactures, et que les fabricans en désirent le rétablissement. Comme cet argument, s'il étoit fondé, seroit du plus grand poids aux yeux de toutes les personnes raisonnables, j'ai cru ne devoir y répondre qu'en rapportant textuellement l'opinion des chambres de commerce ou de manufactures qui, comme on sait, sont composées de tout ce qu'il y a de plus respectable et de plus éclairé dans les villes de commerce et de fabrique.

Le 17 décembre 1806, la chambre de commerce de Sedan, consultée par le ministre de l'intérieur pour savoir si elle désiroit des règlemens, lui répond que *le vice des draps provient de ce qu'on les fait avec des laines de diverses qualités, dont les unes rentrent au foulage plus que les autres, ce qui forme des draps ribotés ou fraisés. Pour corriger ces vices, on les énerve sur la rame afin d'effacer les plis ; le pressage achève de les faire disparoître ; mais la moindre pluie fait reparoître le vice.*

Elle propose de saisir les draps au sortir du foulon, car il n'y a pas d'homme qui ne puisse alors juger de leurs défauts.

La chambre de commerce ajoute que *le nombre de fils ne signifie rien ; car, avec les mêmes matières, deux draps peuvent différer de 3 ou 400 fils en chaîne et l'un valoir l'autre après le foulage. Il se fabrique, dans notre ville, des draps noirs, par exemple, de 27 francs l'aune jusqu'à 43 francs ; ce n'est pas la quantité de fils qui donne cette différence de prix, mais seulement la différence des matières premières ; un drap de 27 francs peut être aussi bon que celui de 43 francs ; il n'a pas la même finesse ; le tact et les yeux suffisent pour en juger.*

Dans sa lettre du 17 septembre 1806, la chambre d'Amiens repousse avec indignation toute espèce de règlemens, et elle conclut *qu'il faut conserver à chacun la liberté de fabriquer comme il le croira plus utile à ses débouchés, au goût et aux facultés de ses chalands.*

Signé, DE LAHAYE, MASSEY, CORNET, DELAMARLIÈRE, DEBRAY, JOURDAIN-DELOGE fils aîné, CORDIER, DURGENT.

Le 31 décembre 1806, la chambre de commerce de Paris écrit au ministre de l'intérieur, que *pour pouvoir constater par des marques, les étoffes de première qualité, il faudroit commencer par constater ce qui constitue la première qualité d'une étoffe, ce qui est impossible parce que, dans ce genre, tout est relatif. Les dimensions, la fabrication peuvent être semblables, et la matière la même, et néanmoins les étoffes peuvent offrir diverses qualités. Les variétés dépendent de l'habileté de l'ouvrier, des soins apportés au foulage, de la nature des apprêts, etc.*

Pour constater les diverses qualités, il faudroit les établir, les fixer, etc.; il faudroit des caractères, ce qui n'est pas possible.

Il ne faut à l'industrie que des garanties, des encouragemens, et une protection vivifiante.

La chambre propose de s'occuper d'une bonne législation de police qui fixe la nature et les effets des contrats d'apprentissage, les obligations réciproques entre les ouvriers et les fabricans, la répression de l'infidélité, du vol et de l'abus de confiance, la garantie de la propriété des inventions, etc.

Dans sa lettre du 17 février 1807, la chambre de commerce de Carcassonne n'insiste point sur des règlemens pour les étoffes de fantaisie et de mode, mais elle reste convaincue que les fabriques de drap qui travaillent pour les échelles du Levant exigent des règlemens, parce que, de tout temps, la fabrication a été immuable pour les largeurs et les lisières ; elle attribue la décadence de ce commerce à la mauvaise fabrication qui s'est introduite depuis leur suppression ; autrefois, dit-elle, la confiance étoit telle que les draps étoient achetés sans *voir ni rompre balle.* Elle ajoute qu'elle ne veut aucun règlement qui prescrive un mode de fabrication uniforme, et elle se borne à demander que les draps ne puissent être embarqués à Marseille qu'après avoir été jugés de bonne qualité par trois anciens fabricans.

La chambre d'Elbeuf écrit le 27 décembre 1806, *les lettres patentes du 4 juin 1780, laissoient la liberté de marquer ou de ne pas marquer les étoffes. Les draps qu'on faisoit marquer étoient fabriqués d'après les règlemens; la marque consistoit dans des lisières rubanées à trois couleurs, tandis que les couleurs de ceux non réglementés étoient placées fil à fil sous le nom de lisières à mille rayes. Alors, dit-elle, l'exécution d'un pareil règlement étoit bien plus facile qu'aujourd'hui, parce que les tissus étoient moins variés en qualité qu'aujourd'hui, que toutes les fabriques d'un même arrondissement faisoient les mêmes qualités, employoient les mêmes matières et les mêmes combinaisons. Cependant il arriva que les manufactures les plus recommandables par leur réputation, ne travaillèrent qu'en lisières à mille rayes (fabrication libre), pour éviter les inspecteurs et les visites, sans néanmoins altérer leurs qualités, et leurs produits furent toujours préférés à ceux des fabricans qui étoient réglementés : bientôt ce régime fut abandonné.*

La chambre repousse l'idée du rétablissement du régime réglementaire ; elle dit qu'il ne porteroit que du désordre dans leur fabrique sans produire aucun bien.

Avant 1790, ajoute-t-elle , toutes les fabriques d'Elbeuf faisoient la même qualité de drap : leurs matières étoient la laine d'Espagne , première et seconde qualité ; les draps d'Elbeuf étoient réputés comme étoffe de bon usé et d'un prix uniforme.

Aujourd'hui tout a changé : les nombreuses manufactures de la Belgique ont introduit une concurrence redoutable, tant par l'extrême quantité que par la variété et le bas prix des draps qu'elles fournissent ; le goût du public pour de nouvelles couleurs , la légèreté des draps qui a permis d'en abaisser le prix , la mode des habillemens simples qui permet de renouveler souvent, et qui, conséquemment, exige moins de solidité dans l'étoffe , l'aisance du paysan qui lui a permis de s'habiller avec des draps moins grossiers , tout cela a fait abandonner les anciens principes de fabrication , et on a introduit une telle variété dans la fabrique , qu'on trouve à Elbeuf des draps depuis 10 fr. jusqu'à 30 fr. le mètre dans toutes les couleurs. Si on en fait de plus

communs qu'autrefois on en fait aussi de
plus beaux.

Au reste, cette revolution a été utile à l'industrie, car on n'emploie presque plus que
les laines du pays, tandis que précédemment
on n'y connoissoit que les laines d'Espagne.

Pour prouver que les règlemens sont
aujourd'hui inadmissibles et impraticables,
la chambre de commerce demande :

1°. Quelle sera la ligne ou l'échelle de
démarcation entre des étoffes, dont les qualités et les prix montent d'une manière imper-
ceptible depuis 10 fr. jusqu'à 30 fr. le mètre?
Celle de 30 fr. sera sans doute de matière plus
fine que celle de 20 fr.; mais celle-ci pourra
être d'un tissu aussi parfait, et ne présenter
de différence qu'à l'œil le plus exercé, par
rapport à la beauté de l'apprêt ; et si elle est
présentée pour être marquée, elle sera vendue,
sous cette garantie, beaucoup plus cher qu'elle
ne l'eût été.

2°. Quel genre constituera la première qualité Elbeuf? On la donnera sans doute à un
drap conçé, fait de bonne matière conforme à
l'ancienne qualité : mais pourquoi la refu-
sera-t-on à un drap plus fin, d'une plus belle
apparence, mais plus délié, moins chargé et

aujourd'hui plus demandé? Voilà donc deux draps bien différens marqués première qualité.

3°. *Qui jugera des qualités? qui prononcera la contravention? On voit tous les jours deux marchands très-connoisseurs, l'un agréer, l'autre rebuter le même drap.*

4°. *En ne marquant que les draps* première qualité, *n'est-ce pas rebuter les autres, qui cependant habillent à bas prix la partie la plus nombreuse et la moins fortunée de la société? n'est-ce pas décrier, dans tous les pays, les dix-neuf vingtièmes de nos draps, et nous fermer les débouchés que l'industrie nous a ouverts?*

La chambre observe ensuite qu'elle ne vend qu'au marchand, qui est très-connoisseur, et bien plus connoisseur qu'un inspecteur; que le marchand vend au consommateur, et que, si celui-ci est trompé, ce n'est jamais par le fabricant qui a des prix fixes sur chaque qualité.

La même chambre pense qu'il doit être défendu au fabricant d'inscrire, sur les étoffes, aucune désignation de qualité, mais seulement son nom et son domicile, à l'exception néanmoins des draps dits *doubles broches*.

parce que c'est un drap fort, quelquefois sans apprêt, dont on juge la qualité sans aucune connoissance de fabrication.

La chambre termine sa lettre par ces mots : *Protégez et laissez faire.*

Signé, PROSPER DELARUE, MATHIEU QUESNÉ l'aîné, DE MÉNAGE DE LA RUE, P. HENRY HAYET, J. P. LEFORT, P. PATALBIS.

La chambre consultative de Verviers écrit, le 8 décembre 1806, que la marque des étoffes est plus propre à servir la fraude qu'à l'empêcher.

Elle ajoute, que l'industrie se révolte contre toutes sortes d'entraves, et qu'on n'a même pas pu obtenir que le fabricant ne brodât dans les tissus les noms des villes où les manufactures ne sont pas établies.

La chambre d'Aix-la-Chapelle écrit au ministre, le 30 décembre 1806, qu'il ne suffit pas d'employer des laines de première qualité pour obtenir un drap de première qualité. Elle ajoute que le marchand n'est jamais trompé, parce qu'il est instruit, mais bien l'acheteur, parce qu'il ne l'est pas, et qu'il est difficile d'obvier à cet inconvénient.

Le 31 janvier 1807, la chambre de Rouen écrit au ministre, qu'*en fabrication, tout étant relatif, la première qualité de tel fabricant n'est que la seconde pour un autre ; que pour établir les différences, il faudroit composer une échelle de qualités, ce qui est impossible ; que si l'on part, comme autrefois, du nombre de fils, une toile mal fabriquée sera marquée tandis qu'une supérieure sera refusée.*

La chambre ajoute qu'*il faudroit se borner à décréter que tout fabricant seroit tenu de disposer les lisières de manière à ce que l'acheteur fût fixé sur le plus ou le moins de solidité des couleurs : par exemple, pour les couleurs* bon teint, *on mettroit, à chaque lisière, quatre fils d'une couleur différente de celle de l'étoffe ; pour la couleur mélangée de bon et de* petit teint, *quatre fils différens des bords de l'étoffe, mais d'un seul côté ; pour la couleur* petit teint, *point de fils.*

Elle observe que *ce langage des lisières peut s'appliquer à tout.*

La chambre propose encore de marquer les étoffes, aux deux bouts, du nom et domicile du fabricant, avec défense de prendre le nom d'autrui ni celui d'une autre ville.

Dans sa lettre du 22 janvier 1806, la chambre de commerce de Lyon propose d'apposer une marque sur les principales étoffes, sans ôter la faculté d'en former d'autres qualités qui ne seroient pas assujetties à la marque.

Elle indique comme devant être marquées les étoffes suivantes :

1°. Les taffetas $\frac{5}{8}$ nommés *Angleterre*, qui seront fabriqués en 80 portées de chaîne ; et les taffetas $\frac{7}{12}$ qui seront fabriqués en 70 portées. La marque seroit deux raies de couleurs différentes du fond, et apparentes au milieu du cordon.

2°. Les damas pour meubles, fabriqués en 100 portées, organsin trois bouts, même marque.

3°. Les satins $\frac{5}{8}$ devroient être fabriqués à 100 portées de chaîne ; les satins $\frac{7}{12}$, à 93, et les satins $\frac{11}{24}$, à 90 ; ces trois satins porteront la marque ci-dessus.

4°. Les draps de soie $\frac{11}{24}$ seront fabriqués en 60 portées, doubles de chaîne, et auront pour marque une lisière blanche dans le milieu de laquelle sera une raie bleue d'au moins deux dents de peigne.

5°. Les draps de soie en couleur seront fabriqués en 60 portées doubles de chaîne, et auront au milieu de la lisière une raie de deux dents, apparente, et d'une couleur différente du fond.

6°. Les satins noirs $\frac{11}{24}$, sans apprêts, seront fabriqués en 120 portées, et auront la marque des draps de soie.

Dans le nombre des portées ci-dessus, il ne sera pas fait de différence pour les organsins à trois bouts.

On pourra mettre la marque ci-dessus aux étoffes d'un compte de chaîne excédant celui qui est indiqué.

Toute fabrication d'étoffe où il entrera du noir chargé ou des soies crües, ne pourra pas recevoir la marque.

Toutes les étoffes non comprises dans cet état, auront des lisières unies et sans rainures.

Toute contravention sera punie de saisie et de confiscation.

On voit, d'après cela, que les manufacturiers les plus instruits proscrivent les règlemens de fabrication ; ils démontrent même l'impossibilité de les appliquer à l'état actuel de l'industrie. Quelques-uns se bornent à demander des garanties, soit pour la solidité des couleurs, soit pour la qualité des étoffes, et je pense comme eux à cet égard. J'ai déjà parlé des garanties qu'on peut donner pour les couleurs, et, dans l'un des Chapitres qui suivent, je m'occuperai de presque tous les genres d'industrie qui en réclament.

Nous pourrions ajouter à tous les vices que les manufacturiers font retomber sur les réglemens, que leur rigoureuse observation étoit souvent impraticable; car, pour obtenir une fabrication dont les produits soient uniformes et invariables dans la qualité, il ne suffit pas de fixer l'espèce de laine qu'il faut employer, le nombre de fils que doit avoir la chaîne, la largeur qu'on doit donner au drap, etc.; il faudroit encore déterminer la finesse des fils, la vérifier dans toute la longueur, s'assurer que tous ont reçu la même torsion, attendu que des fils plus gros remplissent davantage, que les fils plus tordus *lainent* plus lentement, qu'une chaîne fine rentre plus vite au foulon, et que la laine se *tire* tantôt plus, tantôt moins, suivant la couleur, la saison, la qualité, etc.

Si la chaîne est trop lourde et la trame trop torse, il est impossible au foulon de faire rentrer le drap à la largeur déterminée par le règlement : à Elbeuf, on a vu couper plusieurs pouces de l'étoffe pour donner la laize prescrite.

Si la chaîne est trop légère, le drap se foule trop vite, alors le fabricant est obligé de le forcer à la rame pour le réduire à la largeur qu'il devroit avoir ; et, dans ce cas, la moindre humidité le fait rentrer.

Il seroit impossible aujourd'hui de déterminer la qualité des laines ; l'introduction des mérinos, et le croisement des races les ont variées à l'infini.

Le degré d'habileté des ouvriers, depuis le fileur jusqu'à l'apprêteur, apporte encore des modifications innombrables.

Ainsi, un fabricant de bonne foi ne peut pas maîtriser toutes ses opérations au point d'avoir constamment un résultat uniforme : les réglemens sont donc inutiles et vexatoires.

Mais les manufacturiers ne sont pas les seuls qui se prononcent contre les réglemens de fabrication : l'opinion publique est assez connue à ce sujet ; et les progrès étonnans qu'a faits notre industrie, depuis qu'elle a été affranchie des réglemens, forment la meilleure réponse qu'on puisse donner à ceux qui sont partisans du régime réglementaire.

La fabrication des nombreux tissus de coton et l'impression des toiles peintes se sont établies sans réglemens. Les produits de ces deux nouvelles branches d'industrie, sont recherchés sur tous les marchés de l'Europe; et, partout, la beauté des dessins, la variété des tissus, la solidité des couleurs, les font préférer à ceux des étrangers. Les nombreuses fabriques de produits chimiques, qui se sont formées depuis trente ans, ont été portées graduellement à un si haut degré de perfection, que nous avons laissé loin de nous tous nos concurrens en ce genre; cependant elles n'ont jamais été assujetties à aucun réglement. Ainsi l'industrie n'a besoin que de protection.

Je ne citerai point ici, à l'appui de mon opinion, les ouvrages qui ont paru successivement contre les réglemens dans le temps même où ils étoient en vigueur; on pourroit croire que c'étoit une suite du système de liberté qui agitoit alors toutes les têtes; mais j'observerai que, de tout temps, les administrateurs éclairés ont été opposés aux réglemens : Sully regardoit déjà la multiplicité des réglemens comme un obstacle direct à la prospérité d'un état. Nous trou-

vous dans les Mémoires de M. Lamoignon
de Basville, intendant de Languedoc, en
1698, ce passage si remarquable : *Le point
essentiel de l'avancement du commerce est la
liberté ; il faut laisser agir le génie et le goût
des négocians à qui les connoissances et har-
diesses ne manqueront jamais.*

Josias Child disoit aux Anglois, en 1669,
dans son traité de commerce : *Si les lois qui
obligent nos fabriques à faire du drap fort
d'une certaine largeur, longueur, poids, etc.,
étoient exactement suivies, et qu'on y tînt la
main, elles nous seroient beaucoup plus nuisibles qu'utiles, parce que les fantaisies des
hommes changent, et que quelquefois on
aime mieux un drap peu foulé, léger et
à bon marché, comme aujourd'hui, qu'un
drap plus pesant, plus fort, et en effet mieux
fabriqué. Si nous voulons étendre notre commerce sur tout le globe, il faut imiter les Hol-
landais qui font chez eux de mauvaise marchandise, aussi-bien que de bonne, afin d'être
en état de fournir tous les marchés, et de satisfaire tous les goûts.*

Ce sage conseil donné à l'industrie angloise, précisément à la même époque
où nous enlacions dans des filets tous les

genres de fabrication, explique assez clairement pourquoi la première s'est emparée
des débouchés du monde entier, tandis que
la nôtre est restée stationnaire pendant un
siècle.

CHAPITRE VI.

De l'Apprentissage.

L'exercice d'un métier ou d'une profession
suppose des études préliminaires : la connoissance des mécaniques qu'on emploie,
celle des outils dont on se sert, et la manière
de s'en servir, exigent une instruction et
une pratique qu'on ne peut acquérir qu'avec
le temps : cette instruction ne peut être
donnée que par un homme qui connoisse
et pratique son art. Ce dernier peut consentir à transmettre ses connoissances à un
jeune homme qui lui est présenté ; il peut
imposer des conditions que l'élève peut
accepter ou refuser ; mais, du moment qu'ils
se sont liés en connoissance de cause, il
en résulte ce qu'on appelle un *contrat d'apprentissage.*

Ce contrat, pour être valable, doit être
approuvé par les parens ou par le tuteur de

l'élève, s'il n'a pas atteint l'âge de majorité, mais, dès ce moment, le gouvernement doit en garantir l'exécution et lui donner force de loi.

Autrefois le gouvernement prescrivoit les formes de ces contrats : il en déterminoit la durée ; il fixoit le nombre d'apprentis que pouvoit avoir chaque maître, etc. Dans tous ces cas, il outrepassoit ses devoirs, et agissoit contre l'intérêt de l'industrie et les droits des parties contractantes.

Les statuts et règlemens du mois d'août 1667, pour les teinturiers en laine, soie et fil, prescrivent quatre ans d'apprentissage, et trois ans de compagnonage.

Les statuts donnés aux marchands-ouvriers en draps d'or, d'argent et de soie, le 8 avril 1666, portent l'apprentissage à cinq ans, et le compagnonage à trois.

L'ordonnance du mois d'août 1669, veut qu'on ne puisse pas être reçu maître-drapier sans justifier d'un apprentissage de deux ans chez un maître, en vertu d'un contrat notarié.

Les mêmes lois ne prononcent d'exceptions qu'en faveur des compagnons qui épousent des filles ou des veuves de maîtres.

Ces réglemens ont été constamment en vigueur pendant un siècle ; on n'a fait qu'y apporter quelques changemens, et en aggraver souvent les dispositions.

Cette législation est contraire à tous les principes, et blesse tous les intérêts, à l'exception de celui du maître, entre les mains de qui, après avoir mis le monopole de l'industrie, on livre à discrétion les bras de la jeunesse.

Le célèbre Smith se récrie beaucoup contre la longueur que les lois prescrivent pour l'apprentissage : il observe avec raison que la durée doit dépendre de l'intelligence et de l'application de l'élève ; et que le terme de huit ans voulu pour l'apprentissage et le compagnonage de quelques métiers, tel que celui de la teinture, doit nécessairement porter le dégoût dans l'âme d'un jeune homme, et développer les vices qui en sont la suite.

Indépendamment de l'intelligence et de l'application de l'élève, d'autres causes peuvent abréger ou prolonger le terme de l'apprentissage : un maître qui a intérêt à prolonger le séjour d'un jeune homme dans ses ateliers, peut lui cacher ses procédés, l'em-

ployer à des fonctions étrangères à l'art
qu'il exerce, le dégoûter par de mauvais trai-
temens, etc. Tout cela doit être prévu par
le contrat, et l'apprenti et ses parens peuvent s'y réserver des clauses qui leur permettent de le rompre dans tous ces cas. Les
contestations de ce genre doivent être portées devant le conseil des prud'hommes, ou
devant le juge de paix dans les villes où les
prud'hommes ne sont pas établis ; leur dé-
cision doit être sans appel.

L'article des statuts qui limite le nombre
d'apprentis que peut recevoir un manufacturier est ridicule : un chef habile qui,
presque toujours, a beaucoup de travail,
ne sauroit avoir assez d'élèves ; un chef
ignorant en a toujours trop : chez le premier,
l'instruction est bonne, l'émulation est
excitée et le travail assuré ; chez le second,
tout est dégoût : les grands peintres sortent
assez constamment des écoles des grands
maîtres ; et les meilleurs artistes se glo-
rifient du titre d'élèves d'un maître renommé.

Les règlemens ne reconnoissoient que le
contrat d'apprentissage passé devant notaire
et enregistré au bureau de la communauté.

L'apprenti étoit tenu de payer les droits *de cire*, *de chapelle*, *de bien venue*, *de gardes jurés*, *du clerc de la communauté*, etc. Il étoit soumis, pendant toute la durée de l'apprentissage, à une redevance annuelle. Ces frais fermoient la carrière aux jeunes gens sans fortune ; ils les condamnoient à ne pouvoir exercer aucune profession pour leur compte et à remplir toute leur vie des fonctions subalternes chez des maîtres.

Ces abus ne peuvent plus se reproduire : le puissant intérêt des mœurs et celui de l'industrie veulent qu'on rende faciles les abords de toutes les professions, et le gouvernement ne doit exiger qu'un contrat d'apprentissage, pour donner toute la protection nécessaire à l'exécution.

Mais pour former de bons ouvriers et d'habiles chefs d'ateliers, il ne suffit pas toujours des leçons d'un maître consommé dans son art, il faut encore des dispositions de la part de l'élève, et surtout une instruction préliminaire qui hâte ses progrès : un jeune homme qui, jusqu'à l'âge de quinze à seize ans, a été livré à l'inaction ou au vagabondage, contracte difficilement l'habitude du travail et manque d'émulation :

à coup sûr on pourra faire de cet homme une machine utile, mais on ne parviendra pas à en faire un artiste.

Je sais que dans la longue série d'opérations que nous présente chaque genre d'industrie, il en est plusieurs qui n'exigent qu'un peu d'habitude et le seul emploi des forces physiques ; mais la nature y a pourvu, et quelques soins qu'on prenne pour développer les talens, il restera toujours assez de bras pour exécuter ces opérations grossières. Il n'en est pas moins vrai que si l'apprentissage n'est pas précédé d'une éducation première, dont les principes s'appliquent à tous les arts, on peut laisser croupir dans la dernière classe une foule d'individus dont les talens auroient enrichi l'industrie si on avoit pu les connoître et les cultiver de bonne heure.

Cette éducation première pourroit se borner à apprendre à lire et à écrire, à connoître les principales règles de l'arithmétique, et à étudier le dessin linéaire : les premières années seroient consacrées à suivre les écoles où l'instruction est donnée par la méthode nouvellement établie de l'*enseignement mutuel* ; quant à ce qui regarde le des-

sin linéaire, on pourroit former dans chaque
ville une ou plusieurs écoles publiques dans
lesquelles la jeunesse seroit reçue dès l'âge
de dix ans.

L'étude du dessin me paroît du plus grand
intérêt pour le progrès des arts : dans chaque
métier on est tenu d'exécuter des formes
ou des figures, dont il importe de connoître
le nom et les proportions ; l'étude du dessin
peut seule les rendre familières aux artistes :
on peut sans doute parvenir aux mêmes
résultats avec le secours de l'équerre, du
compas et autres instrumens en usage ; mais
quelle différence entre l'homme dont l'œil
et la main sont exercés, et celui qui n'est
guidé, dans son travail, que par des machines ! l'un se rend compte à lui-même d'a-
vance, et peut soumettre ses projets, avant
l'exécution, soit au propriétaire qui ordonne
le travail, soit à l'homme instruit qui peut
l'éclairer de ses conseils, tandis que l'autre
ne peut juger que lorsque l'opération est
consommée. Tout le monde sait ce que
peut l'étude du dessin pour perfectionner
nos organes ; on leur donne une précision
presque égale à celle des instrumens : cette
précision appliquée aux arts, en rendra les

procédés plus faciles, fera apporter plus de correction dans les formes, concourra à mettre plus d'harmonie dans l'ensemble, et en faisant mieux connoître les dimensions des pierres, des métaux, des bois, des étoffes, des cuirs, etc., elle procurera de l'économie dans leur emploi. M. le comte de Cazes, animé d'un zèle éclairé pour les arts, a établi à Libourne une école de dessin linéaire, qui a déjà les plus heureux résultats.

Ces écoles primaires, destinées à instruire la première jeunesse, me paroissent présenter d'ailleurs de grands avantages pour la société ; car, outre qu'elles donneroient de bonne heure le goût de l'application, elles étoufferoient le germe de tous les vices que développent trop souvent le vagabondage et le manque de surveillance ; elles feroient connoître les dispositions des élèves, marqueroient d'avance la place qu'ils doivent occuper parmi les artistes, et le genre d'industrie auquel ils peuvent se livrer. C'est dans ces pépinières qu'on prendroit les jennes gens que le gouvernement fait instruire, à ses frais, dans les écoles d'arts et métiers à Châlons et à Angers ; c'est encore là que les manufacturiers pourroient faire

un choix éclairé des élèves qu'ils doivent
admettre dans leurs ateliers.

Indépendamment de ces écoles primaires,
je désirerois que le gouvernement formât à
ses frais quelques ateliers, dans lesquels les
jeunes gens pourroient s'instruire et se perfectionner en sortant de l'apprentissage. Ce
seroit de véritables écoles normales, où la
pratique seroit réunie à la théorie et d'où
sortiroient des chefs d'atelier parfaits.

L'une de ces écoles seroit consacrée à la
teinture et pourroit être placée aux Gobe-
lins : là, un chimiste habile feroit connoître
toutes les drogues qui peuvent fournir des
couleurs et celles qui leur donnent de l'éclat
et de la solidité ; il développeroit à ses élèves la théorie de chaque opération ; il com-
pareroit tous les procédés connus ; il les instruiroit de toutes les découvertes qui se
font sur cette partie ; il les feroit travailler
sous sa direction ; et, en moins d'un an ,
un jeune homme déjà familiarisé , chez son
premier maître, avec tous les détails pratiques de cet art important, acquerroit toutes
les connoissances nécessaires pour former
un teinturier très-distingué.

Une seconde école auroit pour objet l'enseignement du travail sur les métaux : celle-ci pourroit être établie sous la direction de l'administration des mines, qui, de cette manière, recevroit le complément de son institution : là, on instruiroit les élèves sortant de l'apprentissage, non-seulement à forger les métaux, mais on leur apprendroit à les fondre, à les couler, à les laminer, à les allier, et à former toutes les préparations et compositions qu'ils fournissent aux arts et au commerce.

On pourroit destiner une troisième école à l'enseignement de tout ce qui a rapport à la construction des machines : cette dernière seroit établie dans le Conservatoire des arts et métiers, où l'on a réuni la plus riche collection de machines qu'il y ait en Europe ; collection que l'on peut déjà regarder comme une bibliothéque toujours ouverte à l'artiste, qui y puise des renseignemens précieux sur tout ce qui a été fait, y suit, avec le plus vif intérêt, les progrès de la mécanique jusqu'à nos jours, et, par l'étude et la comparaison de ce qu'il a sous les yeux, s'élève à son tour à des idées d'amélioration, de perfectionnement et de création.

On ne recevroit dans ces écoles que les jeunes gens qui justifieroient d'un apprentissage et de connoissances pratiques ; on exigeroit qu'ils fussent instruits dans l'art du dessin linéaire, et qu'ils sussent lire et écrire.

Je me trompe fort, ou ces écoles deviendroient bientôt des foyers d'émulation, et des pépinières d'artistes très-distingués. Elles peupleroient en peu de temps nos ateliers d'habiles chefs ouvriers qui manquent généralement à plusieurs branches de notre industrie, et propageroient avec rapidité les bonnes méthodes, les découvertes et les connoissances.

CHAPITRE VII.

Du Compagnonage.

LE jeune homme qui avoit terminé son apprentissage sous un maître, étoit tenu de justifier de son instruction et de sa capacité, en exécutant une des opérations de sa profession qu'on lui prescrivoit, devant les jurés du corps ou au bureau de la communauté. On le recevoit alors *compagnon ;* mais il ne pouvoit ni monter un atelier, ni ouvrir boutique, ni travailler pour son propre compte, sans avoir exercé et pratiqué chez des maîtres, pendant un temps déterminé qui, quelquefois, étoit de trois à quatre ans, comme nous l'avons dit dans le chapitre des réglemens.

Plusieurs d'entre eux, impatiens de se former un établissement, portoient leur industrie dans quelques lieux privilégiés, où à la faveur de la franchise, ils pouvoient exercer librement et travailler pour leur compte. La franchise du faubourg Saint-Antoine y a créé une population de 70,000 habitans, et a formé une pépinière d'artistes habiles, dont l'industrie s'exerce sur tous les genres ; l'enceinte privilégiée du Temple s'étoit couverte d'ateliers : et c'est de ces deux sources principales que sont sorties, pendant long-temps, les créations et les améliorations des arts ; exemple mémorable de ce que peut l'industrie lorsqu'on la laisse sans contrainte.

Le plus grand nombre des compagnons employoit à parcourir la France, les années prescrites pour le compagnonage : ils s'arrêtoient dans les principales villes qui pouvoient leur fournir du travail ; et après trois ou quatre ans d'absence, la plupart rentroient dans leur ville natale, pour s'y faire recevoir *maîtres*, et y former un établissement.

Ces voyages, qu'on appeloit *tour de France*, avoient un grand avantage pour l'instruction du compagnon et pour les progrès de l'industrie : chaque ville, chaque atelier présentent quelque chose de nouveau et d'utile : ici, c'est une machine plus parfaite ; là, un procédé plus simple. Les matières premières offrent aussi de grandes variétés, selon les lieux, et elles exigent des modifications dans leur emploi ; de sorte que le compagnon rapportoit dans ses foyers toutes les découvertes et tous les perfectionnemens qui s'étoient faits dans l'art de sa profession.

Cette habitude des voyages étoit encore extrêmement utile à l'industrie : eux seuls peuvent établir promptement la communication des lumières, et former de toutes les découvertes un patrimoine commun. Dans les professions de maçon, de serrurier, de charpentier, de menuisier, de teinturier, etc., il faut voir pour pouvoir imiter; les livres, les instructions, les rapports, sont des moyens bien lents pour propager les découvertes en ce genre.

Les compagnons avoient formé entre eux une association qui étoit connue sous le nom de *garçons du devoir*; ils se lioient par des sermens, se reconnoissoient à des signes, et contractoient des obligations réciproques de fraternité et de bienfaisance, qui assuroient à tous des soins, du travail et des secours dans le besoin.

Lorsqu'un compagnon arrivoit dans une ville, il n'avoit qu'à se faire reconnoître pour avoir du travail; et si, par hasard, toutes les places étoient occupées, le plus ancien lui cédoit la sienne.

Si un compagnon se trouvoit dépourvu

d'argent pour se transporter dans une autre
ville, l'association venoit à son secours; s'il
tomboit malade, ses camarades le soignoient
comme un frère; si l'un d'entre eux étoit
lésé dans ses droits, tous prenoient sa défense; si quelqu'un s'écartoit des voies de
l'honneur ou de la probité, ils en faisoient
justice.

Cette institution, admirable sous beaucoup de rapports, avoit de graves inconvéniens dans quelques cas : lorsqu'un compagnon avoit à se plaindre d'un maître, et
que la plainte étoit admise par le corps, on
damnoit la boutique du maître, et, dès ce
moment, il n'étoit permis à aucun d'eux
d'y travailler : le maître étoit forcé de faire
des réparations, qui lui étoient dictées, pour
pouvoir continuer ses travaux. Lorsqu'ils
croyoient avoir à se plaindre des magistrats
d'une ville, ils *damnoient* la ville, et tous
les compagnons en sortoient à la fois; les
ateliers devenoient déserts, tous les travaux
étoient suspendus, les nouveaux compagnons passoient sans s'arrêter; et les maîtres
étoient forcés de se transporter dans les
villes voisines pour y négocier le retour des
compagnons, et faire lever l'*interdit.*

Cette association portoit encore avec elle un vice d'organisation qui souvent compromettoit le repos public et portoit l'alarme dans nos cités : elle étoit partagée en deux sectes, dont chacune avoit ses signes, ses mots, et autres moyens de se reconnoître : ces deux sectes s'étoient vouées une guerre à mort, de sorte que, du moment que les compagnons se reconnoissoient pour ne pas appartenir à la même secte, il s'engageoit des combats, d'autant plus meurtriers, que les outils de travail étoient constamment leurs armes de guerre.

L'institution du compagnonage avoit des avantages en ce qu'elle obligeoit un jeune homme à se perfectionner dans la pratique de sa profession, et que l'usage établi de faire son *tour de France* lui faisoit acquérir d'autres connoissances que celles qu'on avoit pu lui donner dans l'atelier de son maître. Elle étoit vicieuse, en ce que, ne permettant pas au compagnon d'exercer sa profession pour son propre compte, elle le mettoit dans l'impossibilité de s'établir, et ouvroit la porte à tous les vices qui peuvent se développer dans le cœur d'une jeunesse fougueuse.

La suppression du compagnonage a sans
doute diminué le nombre des ouvriers voya-
geurs; mais il en existe encore beaucoup :
l'institution des *garçons du devoir* n'est même
pas éteinte : le désir de s'instruire, et le
goût des voyages détermineront assez, sans
lui en faire un devoir, une jeunesse avide
de connoissances à visiter les principaux ateliers de la France pour y perfectionner son
instruction.

Le gouvernement doit donc se borner
aujourd'hui à faire exécuter les dispositions
des arrêtés du 1er décembre 1803, et du
1er mars 1804, concernant le livret dont
chaque ouvrier doit être muni; il exercera,
par ce seul moyen, une surveillance suffisante sur cette classe d'hommes utiles, et
préviendra tous les désordres qui pourroient
naître de l'indiscipline.

Le gouvernement doit encore maintenir
une institution qui fait connoître à chaque
ouvrier voyageur les ateliers dans lesquels
on offre du travail. *Les bureaux pour le placement des ouvriers*, déjà établis dans les
grandes villes manufacturières, doivent l'être
partout; c'est peut-être le seul moyen d'empêcher le vagabondage et de prévenir le vol

et autres actes de désespoir auxquels un malheureux ouvrier peut être porté par le besoin. Lorsque ces bureaux, formés auprès des municipalités et du bureau des prud'hommes dans les lieux où ceux-ci sont établis, ne peuvent pas procurer de l'ouvrage, ils offrent des secours, ils donnent des conseils, et empêchent souvent que l'ouvrier ne s'avilisse et ne dégrade son caractère.

CHAPITRE VIII.

Des Maîtrises.

QUELQUE talent qu'eût le compagnon, il ne pouvoit s'établir et travailler pour son compte, qu'après avoir été reçu maître.

Pour être admis à la maîtrise, il falloit exécuter une ou plusieurs opérations prescrites, en présence des maîtres-jurés en charge, de quelques anciens maîtres, et de quelques nouveaux : ainsi, les hommes les plus intéressés à écarter la concurrence pour conserver dans leurs mains le monopole du travail, étoient précisément ceux qui prononçoient sur le sort du compagnon ; on peut bien présumer que celui qui ne

leur portoit aucun ombrage étoit reçu ,
tandis que celui qui s'annonçoit avec un talent supérieur, étoit éconduit, et, par conséquent, obligé de promener son industrie
sur tous les points de la France sans pouvoir s'établir nulle part.

La législation sur les maîtrises a été portée
à un tel point d'extravagance , qu'elle dé-
fendoit au compagnon de s'établir ailleurs
que dans la ville où il avoit fait son apprentissage ; toutes les grandes villes lui étoient
fermées , à moins que , pour être reçu
maître , il ne s'assujettît à remplir toutes les
conditions des règlemens pour y faire un
nouvel apprentissage. En 1755, on chercha
à corriger cet abus, mais l'arrêt du conseil
excepta encore les villes de Paris, Lyon ,
Lille et Rouen , et maintint leurs anciens
priviléges. Les étrangers ne pouvoient pas
être admis à la maîtrise ; on se privoit gratuitement par-là des lumières qu'ils auroient
pu apporter , et des perfectionnemens dont
ils auroient enrichi notre industrie : ce n'est
qu'en 1767 qu'on leur a permis, par un édit,
de s'établir en France.

Il est difficile de concevoir des mesures
plus funestes aux progrès de l'industrie, et

en même temps plus contraires aux bonnes mœurs : en forçant un jeune homme instruit, qui peut manquer de protection ou exciter la jalousie de ses juges, à errer toute sa vie en qualité de compagnon, on encourage le vagabondage et la débauche, on déshérite un bon François de son droit de domicile et de patrie, on le rend étranger à tout intérêt national ; car celui-là ne sera jamais bon citoyen à qui il est défendu d'avoir un domicile, et de se créer une famille.

Sous l'empire de ces lois, l'exploitation de l'industrie étoit un privilége accordé à un petit nombre, et les maîtrises étoient devenues un héritage dont les maîtres dotoient presque exclusivement leurs enfans, leurs parens et leurs amis. Ces prétendus *chefs-d'œuvre*, qu'on exigeoit pour admettre un compagnon à la maîtrise, n'étoient plus qu'un prétexte pour écarter, sous des formes légales, le talent et les étrangers.

Il arrivoit souvent que des compagnons, fatigués de parcourir la France sans qu'il leur fût permis de s'y former un domicile, se retiroient dans leur ville natale où des maîtres avides, moyennant une rétribution convenue, leur permettoient de travailler sous leur nom ; mais comme ils ne pouvoient pas lever *boutique*, ce travail clandestin étoit borné, et les exposoit chaque jour à des saisies, à des confiscations. J'ai vu les ouvriers les plus habiles traîner de cette manière une vie obscure et languissante, et souvent périr de misère, tandis qu'ils se seroient distingués dans leur état, et auroient enrichi leur famille, si la profession avoit été libre.

Indépendamment des vices inhérens à l'institution, il y avoit encore un usage qui ne permettoit qu'à un très-petit nombre de compagnons de prétendre à la maîtrise. La corporation exigeoit une somme trop forte pour qu'elle pût n'être que le produit des économies d'un compagnon, et l'impossibilité de la fournir ne lui permettoit pas de se présenter pour y être admis.

Smith, qui a traité cette question avec sa sagacité ordinaire (1), nous dit, que *la plus sacrée et la plus inviolable des propriétés est celle de sa propre industrie, parce qu'elle est la source originaire de toutes les autres propriétés ; le patrimoine du pauvre est dans*

____

(1) *Richesse des Nations*, édit. de G. Garnier, tom. I, liv. I, chap. 10, p. 252.

la force et l'adresse de ses mains ; et, l'empêcher d'employer cette force et cette adresse de la manière qu'il juge le plus convenable, tant qu'il ne porte de dommage à personne, est une violation manifeste de cette propriété primitive. C'est une usurpation criante sur la liberté légitime, tant de l'ouvrier que de ceux qui seroient disposés à lui donner du travail ; c'est empêcher à la fois, l'un, de travailler à ce qu'il juge à propos, et l'autre, d'employer qui bon lui semble. On peut bien, en toute sûreté, s'en fier à la prudence de celui qui occupe un ouvrier, pour juger si cet ouvrier mérite de l'emploi puisqu'il y va de son propre intérêt. Cette sollicitude qu'affecte le législateur, pour prévenir qu'on emploie des personnes incapables, est aussi absurde qu'oppressive.

Depuis vingt-cinq à trente ans, nous avons fait en France une épreuve de la liberté industrielle, dont les résultats sont tous à son avantage ; avant cette époque, nous fabriquions assez mal et très-peu de draperie légère et fine, parce que la fabrication étoit bornée, par les règlemens, à un petit nombre d'étoffes : les Anglois s'étoient emparés de toute la consommation pour ce nouveau genre d'industrie; aujourd'hui nous pouvons rivaliser avec eux.

La fabrication des tissus de coton, l'art de la filature par mécaniques, l'impression des toiles, n'ont jamais été asservis à des règlemens, et cette belle industrie a été portée, en peu d'années, au plus haut degré de perfection : elle seroit encore dans l'enfance si le génie des arts n'avoit pu s'exercer librement sur elle.

Les nombreuses fabriques de produits chimiques qui se sont formées depuis vingt ans, ont enrichi la France d'une de ses plus importantes branches d'industrie, et n'ont pas été asservies à des règlemens de maîtrise.

Ce sont là des vérités que j'ai déjà mises sous les yeux du lecteur; mais je ne puis m'empêcher de les rappeler encore, parce qu'elles établissent d'une manière incontestable, que les règlemens, les maîtrises, les corporations ne sont pas nécessaires.

Dans tous les établissemens qui couvrent aujourd'hui le sol françois, on compte des hommes habiles, des chefs éclairés, et aucun n'est arrivé par la filière du compagnonage et de la maîtrise ; la bonne conduite et les talens ont établi seuls des distinctions qui sont devenues une source d'émulation et non de jalousie.

Personne ne prétendra, sans doute, qu'on fait moins bien les habits, les souliers, les chapeaux, etc., depuis la suppression des maîtrises : à coup sûr, un particulier qui a besoin d'un maçon, d'un serrurier ou d'un charpentier, ne va pas s'informer s'ils sont *maîtres*; il se borne à savoir qu'ils sont habiles, et les juge par leur réputation et leurs ouvrages.

Aucun genre d'industrie n'a rétrogradé depuis que les maîtrises ont été abolies; au contraire, tous se sont perfectionnés; il en a été créé ou importé un grand nombre; on a varié les produits de manière à contenter tous les goûts, et à assortir les produits à tous les degrés de fortune; et qu'importe qu'à côté d'un objet de luxe se trouvent des produits grossiers? Les diverses classes de la société ont-elles donc les mêmes goûts, les mêmes facultés, les mêmes besoins? Peut-on supposer que le manufacturier se livre à une fabrication dont les produits seront repoussés par le consommateur? Et de quel droit l'autorité peut-elle intervenir dans un contrat où les parties stipulent librement pour leurs intérêts , et en connoissance de cause ?

De tout temps , les gens raisonnables se sont prononcés contre le régime prohibitif: je me bornerai ici à faire connoître les plaintes que le tiers-état a présentées aux états-généraux de 1614. Il demande au roi *que toutes les maîtrises érigées depuis les états tenus en la ville de Blois , en 1576 , soient éteintes, sans que , par ci après , elles puissent être remises , ni aucune autre de nouveau établies ; et soient ces exercices desdits métiers laissés libres à vos pauvres sujets.*

Que tous édits d'arts et métiers , ensemble toutes lettres de maîtrises ci-devant accordées en faveur d'entrées , mariages , naissance , régences des rois et reines , leurs enfans , ou d'autres causes quelles qu'elles soient , soient révoquées , sans qu'à l'avenir il soit octroyé aucune lettre de maîtrise , ni fait aucun édit pour lever deniers sur artisans pour raison de leurs arts et métiers , et ou aucunes lettres de maîtrises ou édits seront faits et accordés ; au contraire , soit enjoint à vos juges n'y avoir aucun égard.

Que les marchands et artisans , soit de mé-

tier juré ou autres métiers, ne donnent ou ne payent aucune chose pour leur réception, lève-ment de boutique ou autres, soit aux officiers de justice et visiteurs de métier et marchan-dises, et ne fassent banquet et autres dépenses quelconques, ni même pour droits de con-fréries ou autrement, sous peine de concus-sion à l'encontre desdits officiers, et de cent livres d'amende pour chacun desdits jurés ou autres qui auront assisté au banquet, pris salaire, droits de confrérie ou autres choses.

On ne peut donc pas dire que les maî-trises aient de tout temps reçu l'approba-tion publique; et, si elles ont existé pendant des siècles, c'est moins l'opinion qui les a conservées que l'intérêt des maîtres privi-légiés.

Il faut que le régime de la liberté soit bien favorable à l'industrie, puisque, au mi-lieu des événemens qui paroissoient devoir en étouffer tous les germes, on l'a vue s'é-tendre, se perfectionner et prospérer. Les guerres désastreuses que nous avons eues à soutenir dépeuploient les ateliers; le vieil-lard descendoit dans la tombe sans trouver auprès de lui un seul de ses enfans à qui il pût léguer le fruit de son expérience; les lois du *maximum* vidoient les magasins et entraînoient la ruine du fabricant ; les réquisitions enlevoient arbitrairement les produits de toutes nos manufactures ; des droits énormes pesoient sur les matières premières ; l'insubordination régnoit dans les ateliers ; la vie des entrepreneurs étoit à la merci des ouvriers dénonciateurs : qui croiroit que les plus grandes découvertes datent de ces terribles époques ? Qui croiroit que, du milieu de cette tourmente révolutionnaire, sont sorties ces conceptions heureuses, ces prodiges du génie qui, en quelques années, ont enrichi la France de tout ce que les étrangers avoient de plus parfait, et ont créé des arts inconnus à nos voisins ?

Laissons donc une entière liberté au commerce et à l'industrie ; qu'il soit permis à chacun d'exercer une profession de la manière qui lui paroît le plus utile ; qu'il lui suffise d'en faire la déclaration à l'autorité locale, qui inscrira son nom, prénom et profession sur ses registres : sa conduite, son intelligence et le consommateur décideront ensuite de son sort.

C'est à la suppression des maîtrises, des

jurandes, de toutes les gênes imposées à l'in-
dustrie qu'il faut attribuer l'accroissement des
manufactures et l'esprit d'entreprise qui s'est
montré de toutes parts. Enfin, une nation de-
puis long-temps attachée à la glèbe, est sortie
pour ainsi dire de dessous terre; et l'on s'é-
tonne encore, malgré les fléaux de la discorde
civile, de tout ce qu'il y a de talent, de ri-
chesses et d'émulation, dans un pays qu'on
délivre de la triple chaîne d'une église intolé-
rante, d'une noblesse féodale, et d'une auto-
rité royale sans limites (1).

Nous terminerons ce Chapitre par une observation qui ne paroîtra pas peut-être sans intérêt : il est prouvé que depuis vingt-cinq ans la population de la France a augmenté d'environ un sixième. Il faut en convenir, le spectacle des guerres sanglantes et continues, le tableau des dissensions civiles ne nous ont pas préparés à de pareils résultats : nous voyons partout dans le passé des causes de destruction, de dépopulation ; nous ne trouvons nulle part la cause d'une reproduction aussi rapide, aussi ex-

---

(1) *Considérations sur la Révolution françoise,* par madame la baronne de Stael, tom. I, pag. 284.

traordinaire : cependant, si nous comparons le présent au passé, nous pourrons faire cesser l'étonnement à cet égard : autrefois un jeune homme ne pouvoit s'établir que lorsqu'il avoit atteint sa vingt-cinquième année, parce que l'apprentissage et le compagnonage n'étoient terminés qu'à cet âge ; mais la difficulté d'acquérir la maîtrise lui présentoit de nouveaux obstacles, et prolongeoit son existence de célibataire d'une manière indéfinie : aujourd'hui, l'élève qui sort de chez son maître, est pressé de travailler pour son compte, et il ne le peut qu'en s'associant à une femme qui soigne son ménage, de manière que les mariages des gens de métier sont devenus infiniment plus communs. D'après le recensement des ouvriers de divers métiers qui sont établis en ce moment dans les villes, le nombre est plus que le double de ce qu'il étoit sous le régime des corporations ; il n'est donc pas étonnant que la population se soit accrue. Si, à cette cause puissante de l'accroissement de la population, on ajoute la diminution de mortalité que produisent la vaccine, la division des grandes propriétés rurales et les nombreux mariages qu'on a

contractés pour se soustraire à la conscrip-
tion, on réunira tous les élémens qui con-
courrent à la solution de ce problème.

CHAPITRE IX.

Des Corporations (1).

Un ouvrier qui avoit obtenu des lettres
de maîtrise pouvoit, dès ce moment, exercer sa profession pour son compte, et faisoit
partie d'une corporation.

Il y avoit presque autant de corporations
qu'il y avoit de métiers.

L'établissement des corporations remonte
aux premiers temps de la monarchie.
M. *J. B. Say* en attribue l'origine au besoin
que les artisans éprouvoient de se réunir
en corps pour se soutenir contre les vexations des nobles et des gens de guerre (2).

____

(1) En 1805, la chambre de commerce de Paris fit
imprimer un rapport de M. Vital-Roux, contre le
rétablissement des jurandes et maîtrises. Ce rapport
contient des faits précieux et une doctrine saine ; nous
nous appuierons souvent de cette autorité dans ce
Chapitre.

(2) *Réponse au Mémoire de M. Levacher-Duples-
sis*, par M. PILLET-WIL, banquier.

Avant que Saint-Louis s'occupât de prescrire des règlemens, il existoit des officiers chargés de la surveillance des arts : celui du commerce et des manufactures portoit le titre de *roi des merciers* ; chaque art avoit son surveillant qui prenoit le nom de l'art dont la surveillance lui étoit confiée, et l'on connoissoit le *roi des arpenteurs*, le *roi des violons*, etc.

Ces officiers étoient spécialement chargés de faire exécuter les règlemens émanés de l'autorité, et d'exercer la police sur les corporations. *Le roi des merciers*, dit Savary, *donnoit les brevets d'apprentissage, les lettres de maîtrise, etc.; ce qu'il ne faisoit pas gratuitement, se faisant payer de grands droits pour leur expédition ; il en tiroit aussi de considérables des visites qui se faisoient de son ordonnance, et par les officiers pour les poids et mesures, et pour l'examen de la bonne et mauvaise qualité des marchandises et ouvrages.*

Saint-Louis établit des espèces de confréries, dans lesquelles les ouvriers les plus distingués avoient inspection sur les plus jeunes et les moins habiles; il voulut que ceux qui doivent exercer un art fussent tenus de travailler quelque temps sous les yeux des maîtres, et fissent preuve de connoissances avant d'être admis à travailler pour leur compte : cette juridiction ne fut d'abord établie que dans les villes royales où les rois étoient en possession du droit de police ; mais les seigneurs châtelains ne tardèrent pas à suivre cet exemple, et ils établirent des corps de métiers dans leurs villes et seigneuries.

La grande police étoit néanmoins réservée au roi, et il fut créé un office de *grand chambrier de France*, auquel on donna la haute inspection des arts et manufactures.

Ce fut sous le règne de Henri III que parut l'édit de décembre 1581, qui établit tous les marchands et artisans en corps de jurandes et maîtrises.

Un second édit, de 1583, déclara que la permission d'exercer un métier étoit un droit de la couronne ; en conséquence on prescrivit des formes pour être admis à travailler ; on fixa le temps des apprentissages, on détermina l'espèce de *chef-d'œuvre* qu'il falloit exécuter pour être reçu *compagnon et maître*, et on créa une administration pour les différens corps, qui furent tous classés et réglementés avec attributions et priviléges : on distingua les villes en *villes jurées* et *villes non jurées*.

Comme on percevoit une rétribution pour chaque grade, et que les corps étoient également soumis à des redevances, on crut devoir les dédommager en leur accordant la permission de limiter le nombre des maîtres, leur donnant, par ce moyen, le monopole de l'industrie; on les autorisa même à vendre des lettres de maîtrise, sans exiger qu'on justifiât ni d'instruction ni d'apprentissage : *Telle est*, dit Forbonnais, *l'origine de nos maux. C'est ainsi qu'on étoit parvenu à dégoûter tellement la nation du travail, et les étrangers de nos ouvrages, par le haut prix, que nous-mêmes nous nous sommes crus incapables du commerce.*

Sous le ministère de Sully on modéra le droit royal, mais on fut très-sévère sur les lettres de maîtrise.

Jusques-là ces édits n'avoient pas reçu une application générale; l'industrie n'étoit pas partout exclusivement exercée par des communautés; mais l'édit du mois de mars

1673, assujettit les fabriques au régime réglementaire dans toute l'étendue du royaume; on institua partout des jurandes, et on établit des droits sur toutes les professions.

C'est surtout vers la fin du dix-septième siècle, que la pénurie des finances obligea Louis XIV à se faire des ressources en multipliant les offices et les corporations à l'infini; il n'y eut pas un seul genre d'industrie pour lequel on ne créât des offices : on couvrit le France *de maîtres gardes, de jurés syndics, d'essayeurs, d'auneurs, de mesureurs, de jaugeurs, de mouleurs, de contrôleurs, de marqueurs, de déchargeurs, de rouleurs, d'inspecteurs, de commissaires, de vérificateurs, de gardes,* etc. Ce fut au point que, depuis 1691 jusqu'en 1709, on créa plus de quarante mille offices qui tous furent vendus au profit du trésor public. Aucune transaction ne pouvoit s'opérer, aucun achat ne pouvoit se conclure, même pour les besoins les plus urgens de la vie, sans appeler le *juré* qui avoit acheté le privilége exclusif de visiter, d'auner, de mesurer, de peser, etc.

Un grand nombre d'offices fut acquis par les communautés, qu'on autorisa à emprunter pour en payer la finance : *Les gages considérables attachés à ces nouvelles charges,* dit Voltaire (Siècle de Louis XIV), *invitent à les acheter dans des temps difficiles, parce qu'on ne fait pas attention qu'elles seront supprimées dans des temps moins fâcheux.*

Le gouvernement, qui s'étoit fait un capital énorme par la vente de ces offices, retiroit encore un revenu considérable de tous les grades conférés dans les corporations, des dignités auxquelles on étoit promu, et des mutations fréquentes qui avoient lieu parmi les titulaires.

Dans des temps de détresse, les offices et les corporations présentoient de grandes ressources au gouvernement : tantôt, il exigeoit un supplément de finances, comme en 1768, et tantôt il accordoit de nouveaux priviléges qu'il faisoit acheter fort cher.

Le but apparent de la conservation des corps de maîtrises étoit, sans doute, de concentrer l'industrie dans des mains capables de l'exercer ; mais le but réel a toujours été de se réserver des ressources pour le trésor. Aussi n'a-t-on jamais vu créer des charges, multiplier les offices, augmenter les corporations qu'à ces époques désastreuses où de longues guerres et des dissensions civiles avoient tari toutes les sources de la fortune publique.

En mettant de côté ces derniers abus, qui ne peuvent plus se reproduire d'après nos institutions actuelles, il nous reste à examiner les corporations dans le seul intérêt de l'industrie.

1°. En concentrant l'exercice des arts et métiers dans les mains d'un petit nombre d'ouvriers, assez riches ou assez protégés pour pouvoir acheter le droit de travailler pour leur compte, on a créé le monopole de l'industrie, et ce monopole a produit tous les mauvais effets qui en sont la suite.

Le premier résultat du monopole est, sans doute, de diminuer la concurrence et d'élever, par cela seul, le prix des objets fabriqués : les maîtres réunis en corps avoient toutes sortes de moyens pour fixer un prix à leur travail, et le consommateur étoit forcé de recevoir la loi. Ce vice est inhérent à l'existence des corporations, mais il s'accroît encore par des considérations d'un autre genre. Le maître avoit acheté le droit de travailler pour son compte, et il devoit naturellement chercher à se couvrir des avances qu'il avoit

faites : du moment qu'il entroit dans le corps,
il s'engageoit à fournir son contingent pour
toutes les dépenses, et ces dépenses étoient
énormes, car elles ne se bornoient point aux
frais de bureau, aux étrennes, aux salaires
des jurés et des syndics, aux intérêts payés
par la confrérie pour les emprunts qu'elle
avoit faits, etc.; il n'y avoit pas de communauté qui n'eût constamment des procès
avec des particuliers ou avec d'autres corps.
En divisant à l'infini les professions pour
augmenter les resources du trésor, le gouvernement avoit donné lieu à une foule de
contestations qui étoient portées devant les
tribunaux : la démarcation entre le fripier
et le tailleur, le cordonnier et le savetier,
le libraire et le bouquiniste, n'étoit pas assez
prononcée pour qu'il ne s'élevât pas entre
ces corps des disputes interminables ; aussi
les procès entre les fripiers et les tailleurs
ont-ils duré deux siècles et demi. Chaque
corps avoit un conseil d'avocats et des députés auprès de tous les tribunaux. En dernière analyse, c'étoit le consommateur qui
payoit tout cela ; c'est ce qui faisoit dire à
Forbonnais, que le prix élevé des produits
de notre industrie avoit fini par faire croire

que les François n'étoient pas nés pour le commerce.

Il est arrivé souvent que, lorsque les communautés étoient tellement obérées qu'elles ne pouvoient plus fournir aux dépenses, on étoit forcé de s'écarter des statuts ; et l'on a vu, en 1759, autoriser les limonadiers de Paris à multiplier les réceptions, à tel point qu'elles produisirent 184,000 fr. en trois années.

2°. Non-seulement l'existence des corporations tendoit à élever le prix des objets fabriqués, mais elle arrêtoit nécessairement les progrès de l'industrie : la concurrence est le mobile le plus actif et le plus puissant qu'on connoisse pour exciter l'émulation ; la fortune de l'ouvrier dépend essentiellement du plus bas prix auquel il peut livrer des produits de même qualité que ceux de ses concurrens ; son amour-propre et son intérêt le portent donc toujours à faire mieux ; ainsi la réputation et les profits s'établissent d'après le talent ; et la marche de l'industrie ne s'accélère que par les efforts du génie des artistes : mais tous ces ressorts, qui sont nécessaires aux progrès de l'industrie, ne peuvent être mis en activité que par l'émulation, et l'émulation n'existe que là où il y a concurrence, parce que ce n'est que là qu'il y a intérêt et besoin de mieux faire. En effet, le nombre des maîtres étant très-borné, l'ouvrier est sûr du débit de sa marchandise telle qu'il l'a fabriquée jusqu'alors ; il n'a pas d'intérêt réel à changer de méthode ; il repousse ou ajourne les perfectionnemens, parce qu'ils nécessiteroient des dépenses ; il traite d'innovations dangereuses tout ce qu'on lui propose : content de ce qu'il fait, parce qu'il le vend avec bénéfice, il se refuse à faire mieux, et l'art se perpétue dans l'état de médiocrité où il l'a trouvé. Ce sont ces hommes qui ont crié contre la suppression des jurandes et des maîtrises, parce que, au lieu de suivre les progrès de l'industrie et les améliorations qu'on y apportoit, ils se sont obstinés à conserver leurs vieilles méthodes, et ont laissé peu à peu s'échapper de leurs mains un art qu'ils avoient pratiqué long-temps avec profit.

3°. Les divisions et les subdivisions des corporations portoient avec elles un autre vice, dont on ressentoit chaque jour les mauvais effets. Nous voyons très-souvent une branche d'industrie qui prospère, tandis qu'une autre languit; les bras manquent à la première, ils sont oisifs dans la seconde: sous le régime des corporations, les mêmes ouvriers ne pouvoient travailler que dans un genre, leur existence étoit attachée à une seule fabrication; et ceux dont l'industrie se trouvoit frappée de stagnation n'avoient pas la faculté d'offrir leurs bras, pour d'autres parties, parce qu'ils n'appartenoient pas au corps. Cependant, dans un grand nombre d'arts et métiers, les opérations ont une grande analogie entre elles : le tisserand peut passer aisément d'un tissage à un autre, le charpentier peut être utile au menuisier, le maréchal au serrurier; il est peu d'arts, s'exerçant sur les mêmes matières, qui ne présentent de la conformité, et dans lesquels un artiste, habitué à des travaux analogues, ne puisse se promettre des succès en bien peu de temps : mais les réglemens avoient classé les ouvriers, et leur sort dépendoit des chances très-variables du métier qu'ils avoient embrassé.

Qu'arrivoit-il de cet état des choses? Lorsqu'un genre d'industrie prospéroit, les ouvriers admis dans le corps, ne suffisoient pas au travail ; dès lors ils élevoient des prétentions et profitoient du besoin qu'on avoit de leurs bras pour faire hausser le salaire ; ils se coalisoient pour imposer des conditions, auxquelles les chefs étoient forcés de souscrire, sous peine de suspendre leurs travaux : lorsqu'une industrie éprouvoit de la stagnation, les ouvriers qui y étoient attachés, ne pouvant pas se livrer à un autre genre de fabrication, périssoient de misère, ou se livroient au vagabondage : on voyoit ainsi alternativement, le travail manquer à l'ouvrier, ou l'ouvrier au travail.

Au reste, si nous consultons l'expérience, nous verrons qu'elle s'est prononcée depuis long-temps, contre les maîtrises et les corporations : elle nous apprend que l'industrie s'est constamment réfugiée dans les lieux où elles n'existoient pas : le Temple et le faubourg Saint-Antoine en sont un exemple pour Paris, Westminster et Southwark pour Londres. L'auteur des Remarques sur les avantages et les désavantages de la France et de la Grande-Bretagne, rapporte « *que la ville et la paroisse d'Halifax ont vu, en quarante ans, quadrupler le nombre des*

» *habitans , tandis que les villes sujettes aux*
» *corporations se sont dépeuplées* ».

De tous temps , les administrateurs éclairés ont reconnu les vices des corporations ,
et M. Turgot eut le courage d'en faire prononcer la suppression en 1776; mais ce
ministre n'avoit pas senti qu'il ne suffit pas
toujours de voir le bien pour pouvoir l'opérer brusquement : il auroit dû préparer de
longue main cette opération ; il auroit dû
voir qu'elle ne seroit possible qu'après avoir
remboursé aux communautés, ce que le
trésor leur devoit, qu'après avoir liquidé la
finance des offices, et s'être assuré que les
nombreux créanciers des corporations seroient payés de ce qui leur étoit dû. Un
gouvernement doit être juste avant tout, et
la justice vouloit que tous ces préliminaires
fussent remplis avant de supprimer les
corps; aussi arriva-t-il ce qu'on auroit dû
prévoir : un cri général s'éleva contre l'édit
de suppression; tous les intérêts se réuni-
rent pour le faire rapporter; chacun y voyoit
la perte de sa fortune, et le roi fut forcé
de sacrifier, aux corporations, et l'édit et le
ministre.

Pour faire tomber le colosse des corporations, il n'a rien moins fallu qu'une époque où les engagemens du trésor public, les fortunes des particuliers, les institutions établies, n'étoient plus des considérations assez fortes pour faire fléchir les principes qui dominoient alors ; le torrent révolutionnaire a dû entraîner les corporations ; plaignons les personnes dont la fortune a été compromise dans ce bouleversement général, mais gardons-nous de rétablir ce que la raison et l'intérêt public avoient proscrit depuis long-temps.

CHAPITRE X.

De la police des ateliers et de la législation de l'industrie.

Pour que l'industrie prospère, il ne suffit pas qu'elle soit parvenue à un haut degré de perfection, il lui faut encore une législation qui protége les intérêts respectifs du fabricant et de l'ouvrier, qui garantisse la propriété de l'un et les droits de l'autre, qui assure l'exécution des contrats librement consentis, qui maintienne l'ordre dans les ateliers, et la continuité du travail.

La juridiction doit être simple, prompte

et peu dispendieuse ; elle ne peut pas être
assujettie aux formes lentes des tribunaux
ordinaires ; l'ouvrier n'a pas assez de fortune
pour s'y défendre, et le chef d'un établissement consumeroit un temps précieux à faire
juger des contestations qui, presque toujours, sont de peu d'importance.

La législation actuelle qui régit les fabriques a prévu tous ces cas : elle porte même
des dispositions qui, si elles étoient rigoureusement exécutées, préviendroient bien
des désordres. Nous croyons utile de faire
connoître ici les principes de cette législation.

Un arrêté du gouvernement, du premier
décembre 1803, porte que tout compagnon,
garçon et ouvrier, doit être pourvu d'un
livret en papier libre, coté et paraphé, sans
frais, par les commissaires de police dans
les villes où il y a un commissaire général,
et, dans les autres villes, par le maire ou
l'un de ses adjoints.

Le premier feuillet doit porter le sceau
de la municipalité, le nom et le prénom de
l'ouvrier, son âge, le lieu de sa naissance,
son signalement, la désignation de sa profession, et le nom du maître chez lequel il
travaille.

Lorsqu'un ouvrier est reçu dans un atelier, il doit faire inscrire le jour de son entrée sur son livret, qu'il est tenu de déposer
entre les mains du maître, si celui-ci l'exige,
et, lorsqu'il sort, il doit y faire inscrire un
congé, portant acquit de ses engagemens,
et le jour de sa sortie ; il est en outre tenu
de faire viser son congé par le maire ou son
adjoint, et d'indiquer le lieu où il se propose
de se rendre.

Si la personne qui a occupé l'ouvrier refuse, sans motif légitime, de remettre le
livret ou de délivrer le congé, il sera procédé
contre elle de la manière et suivant le mode
établi par la loi du 22 germinal an XI,
titre V. Ce refus ne peut être autorisé que
dans le cas où l'ouvrier n'auroit point remboursé des avances qu'on lui auroit faites,
ou n'auroit point fini le temps de ses engagemens. Ce refus ne seroit même pas légitime, si l'entrepreneur manquoit de travail
ou ne payoit pas le salaire convenu, seulement le créancier auroit le droit de men-
tionner la dette sur le livret.

Il n'est permis, en aucun cas, à un chef
d'atelier d'inscrire sur le livret, en délivrant

un congé, des notes défavorables sous le rapport des mœurs et de la probité.

Ceux qui emploient un ouvrier porteur d'un livret sur lequel se trouve inscrite une créance, sont tenus de faire une retenue du cinquième au plus de son salaire jusqu'à entière libération, au profit du créancier; lorsque la dette est acquittée, on en fait mention sur le livret.

Lorsqu'un livret est rempli, l'ouvrier en fait coter et parapher un nouveau, en représentant l'ancien.

Si le livret est perdu, l'ouvrier, sur la présentation de son passe-port, pourra travailler provisoirement sans changer de lieu; il donnera à l'officier de police la preuve d'une bonne conduite, et qu'il est libre de tout engagement, et il lui sera délivré un nouveau livret.

Tout ouvrier qui voyageroit sans un livret revêtu de toutes les formalités, est réputé vagabond et traité comme tel.

Ces mesures, très-sages en elles-mêmes, ne sont ni onéreuses ni gênantes; elles ont l'avantage de garantir au fabricant la bonne conduite de l'ouvrier qui se présente pour travailler dans ses ateliers, et de mettre l'administration à portée de suivre et de surveiller cette classe nombreuse de citoyens : le gouvernement doit en assurer l'exécution, non-seulement parce qu'elles intéressent essentiellement le bien de l'industrie, mais encore parce qu'elles mettent en ses mains un moyen puissant d'exercer une bonne police.

Quant aux délits qui peuvent être commis dans les ateliers et aux contestations qui peuvent s'élever entre les chefs et les ouvriers, la loi y a également pourvu : nous nous bornerons à en indiquer les principales dispositions.

La loi du 18 mars 1806, créa un conseil de prud'hommes pour la ville de Lyon, et autorisa le gouvernement à en instituer, d'après les mêmes bases, dans toutes les villes de commerce ou de fabrique, sur la demande des chambres de commerce et de celles des arts et manufactures : cette institution s'est répandue aujourd'hui dans les principales villes de la France ; partout on en a éprouvé d'heureux effets.

L'institution des conseils de prud'hommes a pour but de terminer, par voie de conciliation, tous les différends qui s'élèvent journellement, soit entre des fabricans et des ouvriers, soit entre des chefs d'atelier et des compagnons ou apprentis.

Indépendamment de l'intérêt civil, le conseil a dans sa jurisdiction plusieurs attributions de police.

Tout délit tendant à troubler l'ordre et la discipline de l'atelier, tout manquement grave des apprentis envers leurs maîtres, peuvent être punis par les prud'hommes d'un emprisonnement qui ne peut pas excéder trois jours.

Lorsque la voie de conciliation est sans effet, le conseil juge sans forme ni frais de procédure et sans appel jusqu'à la somme de 100 fr. (Loi du 3 août 1810). Ses jugemens sont exécutoires par provision, nonobstant appel, jusqu'à la somme de 300 fr., et sans qu'il soit besoin, pour la partie qui a obtenu gain de cause, de donner caution. Au-dessus de 300 fr., ils sont également exécutoires, mais en fournissant caution.

Ce conseil est composé de négocians-fabricans, ayant exercé leur état pendant six ans, et de chefs d'ateliers ayant exercé durant le même temps et sachant lire et écrire.

Le conseil des prud'hommes se renouvelle

par tiers chaque année : mais les membres
en sont rééligibles : les fabricans et les
chefs d'ateliers doivent y être constamment
dans une proportion déterminée par la loi.

Chaque jour, à des heures fixes, il est
ouvert un bureau de conciliation composé
d'un prud'homme fabricant, et d'un chef
d'atelier pour entendre et concilier, si faire
se peut, les parties qui y portent leurs contestations.

Le conseil général des prud'hommes qui
prononce sur les différends qu'on n'a pas
pu terminer par la conciliation, se réunit
une fois par semaine.

Indépendamment de ces attributions, le
conseil des prud'hommes est chargé de constater, d'après les plaintes qui peuvent lui
être adressées, les contraventions aux lois
et réglemens concernant l'industrie manufacturière : les procès-verbaux dressés à cet
effet par les prud'hommes, sont renvoyés
aux tribunaux compétens.

Le conseil des prud'hommes constate également les soustractions de matières qui
peuvent être faites par les ouvriers au préjudice du fabricant, et les infidélités com-
mises par les teinturiers ; dans ce cas, les

prud'hommes peuvent, sur la réquisition des parties, faire des visites chez les fabricans, chefs d'ateliers, ouvriers et compagnons ; ils doivent être au moins deux, l'un fabricant et l'autre chef d'atelier, et assistés d'un officier public ; les procès-verbaux sont adressés au conseil général des prud'hommes, et envoyés, ainsi que les objets formant pièces de conviction, aux tribunaux compétens.

Le conseil des prud'hommes est chargé par son institution des mesures conservatrices de la propriété des dessins de fabrique. Ainsi tout fabricant qui veut se donner le droit de pouvoir revendiquer devant le tribunal de commerce la propriété d'un dessin de son invention, est tenu d'en déposer aux archives du conseil un échantillon plié sous enveloppe, revêtu de son cachet et signature et du cachet du conseil des prud'hommes. Ces dépôts sont inscrits sur un livre affecté à cet usage, par le conseil qui, au besoin, délivre un certificat constatant la date du dépôt.

En déposant son dessin, le fabricant doit acquitter entre les mains du receveur de la commune une indemnité qui est réglée par le conseil des prud'hommes, et qui ne peut pas excéder un franc pour chacune des années pendant lesquelles il voudra conserver la propriété exclusive de son dessin ; elle sera de 10 fr. pour la propriété perpétuelle.

D'après la loi du 18 mars 1806, le conseil des prud'hommes doit tenir un registre du nombre de métiers et d'ouvriers de tout genre employés dans chaque fabrique : à cet effet, les prud'hommes sont autorisés à faire une ou deux inspections par an dans les ateliers pour recueillir les informations nécessaires ; ils ne peuvent que constater le nombre d'ouvriers et de métiers, et, en aucun cas, s'enquérir du mode de fabrication.

Dans les villes manufacturières où des chefs d'atelier ont, à leur disposition, un ou plusieurs métiers sur lesquels ils travaillent pour le compte des négocians qui leur fournissent les matières nécessaires, le conseil des prud'hommes délivre à chaque chef un double livre d'acquit, paraphé et numéroté pour chacun des métiers ; le chef d'atelier est tenu de le signer ainsi que le registre sur lequel ce livre est inscrit.

Le chef d'atelier dépose le livre d'acquit entre les mains du négociant manufacturier, et c'est sur ce livre qu'on inscrit les sommes payées, les avances faites, les livraisons de matière, etc., pour y recourir en cas de contestation.

Lorsqu'un chef d'atelier veut faire travailler un métier pour un autre négociant, il est obligé de présenter le livre d'acquit sur lequel le dernier négociant a inscrit le solde, ou spécifié la dette du chef vis-à-vis de lui ; dans ce dernier cas, celui qui doit faire travailler ce métier se constitue débiteur, et retient le huitième du salaire jusqu'à extinction de la dette.

Si un négociant manufacturier emploie un ouvrier dépourvu d'un livre d'acquit, il est condamné à payer comptant tout ce que ce dernier doit en compte de matières et en compte d'argent jusqu'à 500 fr.

Un décret du 11 juin 1810, fait intervenir le conseil des prud'hommes pour garantir la propriété des marques que les fabricans et manufacturiers sont en droit d'apposer sur leurs marchandises : il ordonne qu'indépendamment du dépôt qui doit être fait au greffe du tribunal de commerce, conformément à la loi du 22 germinal an 11, un modèle de cette marque soit déposé au secrétariat du conseil des prud'hommes, qu'il en soit dressé procès-verbal sur un registre en papier timbré, coté et paraphé par le conseil, et qu'expédition en soit remise au fabricant pour lui servir de titre contre les contrefacteurs.

Lorsqu'il est nécessaire de faire empreindre la marque sur des tables particulières, comme dans les ouvrages de quincaillerie et de coutellerie, celui à qui elle appartient doit payer une somme de six francs pour former le fond nécessaire à l'acquisition des tables et à leur entretien.

Antérieurement aux lois dont nous venons de faire connoître les principales dispositions, il en avoit été rendu pour réprimer les coalitions entre ouvriers, défendre leur réunion et organisation en assemblées délibérantes, punir les demandes formées en corps pour faire augmenter les salaires, prévenir la cessation du travail et la désertion des ateliers, etc. La loi du 17 juin 1791, et celle du 12 janvier 1794, contiennent des mesures qui, jusqu'à ce jour, ont paru suffisantes pour réprimer ces délits.

On avoit senti depuis long-temps, que les affaires commerciales exigeoient une législation spéciale, et des tribunaux qui prononçassent sur les contestations relatives au commerce ; l'étendue et l'importance que l'industrie a acquises depuis trente ans, reclamoient hautement les mêmes avantages : la création des conseils de prud'-hommes a rempli cette lacune de notre législation. Cette institution a été reçue comme un bienfait, dans toute les villes de fabriques ; elle étouffe dès leur naissance, toutes les contestations entre les chefs et les ouvriers, et prévient ces désordres qui naissoient trop souvent de la violation des promesses ou d'un manque d'égards ; elle a acquis aujourd'hui une telle confiance, que, sur seize à dix-sept cents affaires qui sont portées annuellement au conseil des prud'-hommes à Rouen, il en est au plus douze à quinze sur lesquelles les parties refusent de se concilier (1).

Indépendamment de sa législation et de ses tribunaux, l'industrie a, comme le commerce, des chambres consultatives composées des hommes les plus éclairés, qui étudient les besoins des fabriques et les moyens

____

(1) Voyez le *Mémoire de M. Costaz*, page 21.

de les faire prospérer, qui en connoissent tous les défauts, tous les abus, etc., et qui doivent, d'après le but de leur organisation, transmettre au gouvernement tous les renseignemens qui peuvent les intéresser.

Que reste-t-il donc à faire pour les fabriques? maintenir et assurer l'exécution de ce qui existe, et, tout au plus, coordonner quelques nouvelles mesures de détail avec le système qui les régit.

CHAPITRE XI.

Des garanties que le gouvernement doit donner au consommateur pour quelques produits de l'industrie.

En fait d'industrie, le gouvernement ne doit intervenir que dans les cas très-rares où le fabricant et le consommateur réclament son secours.

Tant que le fabricant et le consommateur peuvent contracter en connoissance de cause, l'intervention du gouvernement est inutile, elle seroit même dangereuse; mais, lorsque la main ou l'œil ne peuvent pas juger du mérite ni de la qualité d'un produit, alors le consommateur peut être trompé, et il est utile que le gouvernement intervienne pour lui fournir une garantie. Par exemple, la seule inspection ne suffit pas pour juger du titre de l'or et de l'argent ; et l'acheteur seroit, chaque jour, lésé dans ses intérêts, si l'autorité ne faisoit pas constater le titre, préalablement à la vente ; dans ce cas, la marque apposée sur ces métaux travaillés, constitue une garantie suffisante : la loi du 9 septembre 1797, la loi du 16 décembre de la même année, et celle du 2 avril 1798, organisées par les arrêtés du gouvernement du 3 et du 19 juin 1798, et du 18 mai 1805, forment à cet égard un code de législation complet.

J'ai déjà fait voir, en parlant des teintures. que l'œil le plus exercé ne pouvoit pas en juger la solidité, et j'ai proposé des moyens pour que le consommateur ne fût point trompé par le fabricant ou le teinturier.

Quant à ce qui concerne les étoffes de laine, je ne vois qu'un seul cas où le consommateur puisse réclamer des garanties : dans sa lettre du 17 décembre 1806, la chambre de commerce de Sedan a écrit au ministre de l'intérieur, que *le vice des draps pro-*

vient de ce qu'on les fait avec des laines de diverses qualités, dont les unes rentrent au foulage plus que les autres, ce qui forme des draps ribotés ou fraisés. Pour corriger ces vices, on les énerve sur la rame afin d'effacer les plis; le pressage achève de les faire disparoître: mais la moindre pluie rétablit les défauts, et les rend sensibles à la vue; ici l'œil et la main du consommateur sont insuffisans pour reconnoître ces défauts au moment de l'achat de l'étoffe, et le consommateur peut être impunément trompé par le fabricant: le gouvernement doit donc intervenir pour empêcher que la fraude ne circule impunément dans l'intérieur et à l'extérieur du royaume. Ce vice est très-sensible au foulon, surtout trois ou quatre heures après le foulage, et il ne l'est que là, puisqu'on le masque par la rame et la presse; c'est donc au foulon qu'on doit se saisir du délit.

Dans chaque ville de fabrique en draperie fine, il pourroit y avoir un *visiteur*, choisi parmi les anciens fabricans et nommé par la chambre de commerce.

Le visiteur se rendroit tous les jours aux foulons et saisiroit les draps *ribotés*, qu'il feroit déposer dans un local affecté à cet usage : deux membres de la chambre de commerce seroient chargés de vérifier si le vice est réel ; et, dans le cas de l'affirmative, ils en prononceroient la confiscation.

Il seroit perçu sur chaque drap apporté au foulon, une légère rétribution pour former le salaire du visiteur.

Au reste, on pourroit charger la chambre de commerce de présenter des moyens pour faire disparoître cet abus ; et, comme il n'est guère préjudiciable qu'à la draperie fine, il ne s'agit de le réprimer que dans quelques villes de fabrique.

Les Anglois, qu'on ne peut pas accuser de trop restreindre la liberté de l'industrie, ont créé une police dont le but est de donner au consommateur une garantie dans le cas dont je parle ; ils l'ont même portée bien plus loin que ce que je propose ici. Leurs derniers règlemens sont de 1765 ; l'exécution en est confiée à des auneurs et à des inspecteurs qui peuvent visiter, tous les jours, les moulins à foulon, les rames, les ateliers des apprêteurs, etc. L'article 15 de leur règlement détermine la longueur et largeur qu'on peut donner, sur la rame,

à une étoffe de laine ; il autorise un ving-
tième sur la longueur, et un douzième sur
la largeur, et prononce une amende de dix
schellings, pour chaque quart de verge qui
se trouve de plus en longueur, et de vingt,
pour chaque pouce de plus sur la largeur.

Je suis bien éloigné d'approuver toutes
ces dispositions, attendu que les draps rentrent plus ou moins au foulon, selon la
qualité des laines, la finesse du fil, la durée
et l'activité du foulage ; et que, lorsque le
fabricant a employé les laines convenables,
et rempli toutes les conditions requises pour
fabriquer un drap de qualité et de dimensions connues, il doit lui être permis d'obtenir, par la rame, les longueurs et largeurs
d'usage. Je borne donc la législation sur cette
partie, à ce que je viens de proposer.

Pour exciter l'émulation parmi les fabricans
et garantir de toute atteinte la réputation de
ceux qui tiennent à honneur de perpétuer un
nom respecté, il doit être défendu, sous
peine d'être puni comme coupable d'un faux
en écriture, de substituer à son nom, sur
les bouts de l'étoffe, le nom d'un autre fabricant ou celui d'une autre ville que celle
de son domicile. Les statuts donnés à la

fabrique de Carcassonne, le 26 octobre 1666, portoient, article 23, la peine du carcan, pendant six heures, pour tout manufacturier qui apposeroit, sur ses draps, la marque d'une autre ville ou celle d'un autre fabricant.

Ces ruses banales d'apposer sur les draps les mots *façon de Sedan*, *façon de Louviers*, etc., doivent être défendues, parce qu'elles tendent à tromper le public, et à compromettre la réputation de fabriques accréditées.

Pour connoître les bons fabricans, récompenser la bonne foi qu'ils mettent dans leurs relations et la fidélité qu'ils apportent dans leur fabrication, le gouvernement devroit faire une obligation à tous d'inscrire leurs noms et prénoms sur les deux bouts de l'étoffe, de même que le lieu de leur domicile.

C'est ici le moment d'examiner s'il est ou non de l'intérêt des manufactures de vérifier et de constater la qualité et les dimensions de quelques étoffes, avant d'en effectuer l'exportation. Cette question est fort délicate, et sa solution ne peut intéresser, dans le moment, que nos expéditions de draps au Levant. C'est donc sous ce seul rapport que nous nous permettrons de la discuter.

Lorsqu'une manufacture s'est ouvert des débouchés dans un pays lointain, la bonne foi dans les relations, l'uniformité dans la qualité des produits, peuvent seules consolider et perpétuer les rapports commerciaux : l'intérêt bien entendu du fabricant exigeroit sans doute que ces conditions fussent constamment observées; mais trop souvent, l'appât d'un gain momentané ou l'envie de donner cours à des étoffes défectueuses, prévalent sur ces considérations majeures, et en trompant le consommateur une fois, on décrédite pour toujours la fabrique. La fraude est d'autant plus criminelle que le consommateur a plus de confiance : cette confiance étoit si bien établie dans le Levant, que notre draperie du midi y étoit achetée sans *rompre balle*. Pendant près d'un siècle notre commerce a fait passer dans les échelles, par année, pour 12 à 15 millions de nos draps.

On attribue généralement la perte de ce beau commerce à la suppression des réglemens, qui, dit-on, eussent maintenu une fabrication uniforme et perpétué nos relations : cette observation n'est pas fondée : sans doute, la liberté rendue à la fabrication, la faculté d'expédier, dans le Levant, des draps qui n'avoient plus ni la même qualité, ni les mêmes dimensions que les anciens, ont séduit des fabricans peu honnêtes et ont concourru à inspirer de la méfiance ; mais d'autres causes y ont encore puissamment contribué.

Dès 1700, les draps françois avoient déjà, dans le Levant, une réputation méritée : le célèbre Tournefort qui voyageoit dans ce pays, à cette époque, l'attribue à la probité de nos manufacturiers et à la surveillance qu'exerçoit le gouvernement sur la fabrication : les avantages de notre commerce s'y sont maintenus jusque vers 1760 : alors les mahoux de Hollande, les draps du Brabant et des bords du Rhin, connus sous le nom de draps de Leipsick, où s'en fait la vente, les draps de la Pologne, etc., se sont introduits dans les échelles, et leur bas prix a sensiblement diminué la consommation de nos londrins et de nos nims.

M. de Peyssonel, ancien consul de France à Smyrne, observe dans son Traité sur le commerce de la mer Noire, imprimé en 1787, que les bourres de magnésie et les bocassins de Tocat, de Kastembol et Damasias, étoient à un si bas prix, que les camelots de France ne pouvoient plus entrer en concurrence.

M. Félix de Beaujour, dans son Tableau du commerce de la Grèce, nous dit qu'en 1783, les draperies françoises avoient perdu toute faveur, parce que les Allemands et les Anglois fournissoient à meilleur marché.

L'introduction, dans le Levant, d'une nouvelle étoffe de l'industrie angloise, appelée vulgairement *chalons*, a nui aux draps françois : c'est une serge croisée et très-légère, qui a beaucoup d'éclat et de lustre.

Il y a trente à quarante ans que les fabriques de Verviers et d'Aix-la-Chapelle imitèrent les dimensions de nos draps destinés pour le Levant; mais ils employoient moins de laine et donnoient un plus beau lustre, ce qui leur permettoit de les livrer à plus bas prix : les Levantins leur donnèrent la préférence. Ces draps s'exportoient d'abord par Trieste; M. Schloeser, fabricant d'Aix-la-Chapelle, a été le premier à leur ouvrir la navigation du Danube, depuis Ratisbonne jusqu'à Selim : là on les charge sur des chameaux et ils sont expédiés à Constantinople.

Il ne faut pas croire que les Levantins tiennent tellement à leurs usages qu'ils ferment les yeux sur leur intérêt, et qu'il n'y ait pas, chez eux comme ailleurs, des changemens de goût et même des fantaisies; ils sont, en général, aussi difficiles pour accorder leur confiance que persévérans lorsqu'on n'en abuse pas; mais l'intérêt agit sur eux comme sur les autres peuples; et quoique les changemens de mode et les progrès du luxe y soient moins sensibles, ils y exercent néanmoins leur empire. Autrefois les femmes de qualité de la Crimée ne connoissoient que les damasquettes, et surtout les dibas de Venise, pour leurs vêtemens; nos soieries de Lyon parurent à la cour de Batchescraï, et les premières étoffes furent, dans le moment, abandonnées à la classe des femmes du peuple.

On voit donc que c'est moins à la suppression des règlemens qu'aux progrès et à la variété de l'industrie, chez nos voisins, que nous devons attribuer la perte de notre commerce dans le Levant. Peut-être même serions-nous parvenus à conserver toute l'étendue de nos relations, si notre fabrication avoit été libre, et que nos manufactures eussent pu suivre les progrès de l'industrie étrangère, et se conformer partout au goût du consommateur.

Le commerce des draps dans le Levant, a des formes et des usages qui lui sont particuliers; il faut se plier à ces formes pour l'y établir avec succès. Les dimensions qu'on donnoit à nos draps étoient conformes aux besoins des habitans qui en confectionnoient leurs vêtemens sans aucune perte d'étoffe; et comme la forme de ces vêtemens est invariable, il faut qu'on n'introduise aucun changement ni dans la longueur ni dans la largeur des draps, qui jusqu'ici y ont été reçus favorablement.

On doit observer encore que la qualité des draps doit être constamment bonne et uniforme, parce que la vente ne s'en fait pas au détail, mais par ballots, pour être expédiés par les caravanes, et qu'il est presqu'impossible de visiter chaque pièce, pour juger du mérite de l'étoffe et de ses dimensions.

C'est donc un commerce de confiance, un commerce qui a un caractère à lui; et je pense que pour le reconquérir, il faut donner un titre au fabricant, d'après lequel il puisse constater, aux yeux du Levantin, que les draps qu'il expédie sont conformes aux anciens dans la qualité et dimensions. Par ce moyen, le fabricant, persuadé que notre commerce a été perdu dans le Levant, parce qu'on s'est écarté des règlemens de fabrication, pourra rentrer dans ses anciens procédés, tandis que celui qui n'aura pas la même opinion variera sa fabrication et fera ses expéditions d'étoffes nouvelles, sans garantie de la part du gouvernement.

Pour remplir cet objet il suffiroit, je pense, que les chambres de commerce ou de manufactures, dans les villes où sont situées les fabriques, fussent autorisées à nommer trois anciens fabricans qui, après avoir constaté que la qualité et les dimensions des draps sont conformes à celles de la fabrication ancienne, apposeroient un sceau de garantie sur chaque pièce et sur chaque ballot. Les vérificateurs inscriroient sur un registre les noms des fabricans, le nombre de pièces qu'ils auroient marquées, et de celles qu'ils auroient rejetées.

Le gouvernement feroit connoître, par son ambassadeur et les consuls dans les echelles, que les draps revètus de son sceau sont conformes à la fabrication de ceux qui avoient fait notre réputation dans le Levant.

Les décrets du 21 septembre 1807, et du 9 décembre 1810, ont été rendus sur les représentations des chambres de commerce de Marseille, Carcassonne et Montpellier : ils prescrivent, pour chaque qualité d'étoffe, le nombre de fils, la largeur et longueur du drap et la couleur des lisières ; ils organisent des bureaux pour vérifier et apposer une estampille nationale sur les draps qui pourront être présentés ; ils désignent les ports par où se feront les expéditions, et reproduisent presque toutes les entraves des anciens règlemens, si ce n'est qu'ils laissent la liberté de recourir ou de ne pas recourir à l'estampille.

La plupart des formalités prescrites par ces décrets sont inutiles ou vexatoires ; il suffit de constater que la qualité et les dimensions des draps sont conformes aux anciennes, sans toutefois prescrire un mode invariable de fabrication, comme on le fait, en déterminant le nombre des fils qui doivent entrer dans la chaîne.

La garantie qu'on peut donner à un produit

de fabrique, de quelque nature qu'il soit, me paroît réunir l'intérêt du fabricant à celui de l'industrie ; elle cimente et rend durables ces relations de bonne foi qui sont la base de la prospérité d'un commerce réciproque ; je n'en citerai que deux exemples.

Avant la révolution il y avoit dans le Languedoc des inspecteurs qui constatoient le titre des eaux-de-vie destinées à l'exportation, et ne laissoient embarquer que celles qui avoient le degré porté sur la facture. La vérification du titre étoit faite avec des pèse-liqueurs auxquels l'administration éclairée des états de la province avoit fait donner les plus grands degrés de précision. Nos eaux-de-vie avoient obtenu la plus grande faveur dans le nord de l'Europe, où il s'en faisoit une énorme consommation ; elles étoient constamment et invariablement au même titre. D'un autre côté, les eaux-de-vie d'Espagne, quoique de bonne qualité, ne jouissoient à l'étranger d'aucune confiance, parce que les moyens d'épreuves y étoient imparfaits et qu'elles présentoient des degrés de force très-variables : pendant long-temps nos marchands du midi ont acheté les eaux-de-vie d'Espagne pour les mettre au titre et les exporter ensuite sans distinction avec celles du pays. Mais du moment que les Espagnols ont eu adopté nos moyens de vérification pour n'expédier leurs eaux-de-vie qu'à des degrés constans, ils ont pu se présenter sur les marchés du nord concurremment avec nous, et, deux ou trois ans avant notre révolution, leur commerce d'eau-de-vie étoit devenu considérable.

La fabrication des savons à Marseille, avoit joui, jusqu'à ces derniers temps, d'une réputation méritée; mais quelques fabricans avides et des marchands peu délicats étoient parvenus à les altérer de manière à tromper et à dégoûter le consommateur : l'un faisoit entrer de l'argile blanche dans leur composition; l'autre substituoit la graisse à l'huile d'olive; l'épicier dissolvoit les pains de savon dans l'eau, et, par une opération facile, doubloit le poids du bon savon qu'il avoit acheté : le gouvernement a dû réprimer toutes ces fraudes, et il est intervenu trois décrets à ce sujet; l'un du 1er avril 1811, l'autre du 18 septembre de la même année, et le troisième, du 22 décembre 1812. Ces décrets laissent toute latitude à la fabrication ; mais ils exigent que chaque facricant appose une marque sur chaque brique de savon, portant ces mots : *huile d'olive*, *huile de graine*, ou *suif* ou *graisse*, selon que le savon est composé avec l'une ou l'autre de ces substances. Le décret du 22 décembre 1812, accorde une marque particulière à la fabrique de Marseille pour ses savons à l'huile d'olive ; cette marque présente un *pentagone* dans le milieu duquel se trouvent, en lettres rentrées, ces mots, *huile d'olive*, et à la suite, le nom du fabricant et celui de la ville.

Les prud'hommes des villes où il y a des fabriques de savon, ont le droit d'inspection sur tous les magasins et dans les lieux de débit, pour surveiller l'exécution des dispositions contenues dans les décrets. Les contraventions sont portées devant les tribunaux comme matières de police.

Lorsque le gouvernement se bornera, ainsi que nous venons de le proposer, à fournir une garantie au consommateur dans les seuls cas où il peut être trompé par le fabricant, il maintiendra la bonne foi dans les manufactures, et laissera à l'industrie tout son essor ; il cimentera la confiance

qui doit exister entre le fabricant et le consommateur ; il étendra et consolidera nos
relations au dehors.

Depuis que les arts chimiques ont fait des
progrès étonnans en France, il s'est formé
partout des établissemens de ce genre, dont
quelques-uns répandent au loin des vapeurs
insalubres ou incommodes, ce qui rend
leur voisinage dangereux ou désagréable :
des plaintes s'élevoient de toutes parts, et
les tribunaux prononçoient d'une manière
fort arbitraire ; les uns ordonnoient la cessation des travaux, d'autres les protégeoient ;
le fabricant ne savoit plus sur quel point il
pourroit fixer son industrie de manière à
n'être pas troublé dans son entreprise ; le
sort de ces fabriques étoit, pour ainsi dire,
à la merci d'un voisin inquiet, d'un con-
current jaloux, ou d'un homme puissant.
Cet état de choses ne pouvoit pas durer, et
le gouvernement a cru qu'il falloit établir
des règles fixes à cet égard : le décret du
15 octobre 1810, et l'ordonnance du 14 janvier 1815, contiennent une assez bonne
législation sur cette matière.

On a divisé en trois classes les manufactures et ateliers qui répandent de l'odeur.

La première classe comprend ceux qui doivent être éloignés des habitations.

La seconde a pour objet les manufactures et ateliers dont l'éloignement des habitations n'est pas rigoureusement nécessaire.

Dans la troisième, on place les établissemens qui peuvent rester sans inconvénient près des habitations.

La loi met sous sa protection les fabriques qui sont formées depuis long-temps, et accorde des indemnités pour les dommages qu'elles pourroient occasionner dans les propriétés voisines.

La loi détermine la marche qu'il faut suivre quand on veut établir une manufacture qui se trouve comprise dans l'une des trois classes ci-dessus.

La loi du 22 août 1791, relative aux douanes, a défendu d'établir, dans l'étendue du rayon des douanes, à l'exception des villes, aucune nouvelle clouterie, papeterie et autre grande manufacture ou fabrique, sans l'autorisation du directoire du département (aujourd'hui le préfet.)

La loi du 12 mars 1803, ordonne le déplacement des manufactures comprises dans la ligne des douanes, lorsqu'elles auront favorisé la contrebande, et que le fait sera constaté par un jugement rendu par les tribunaux compétens.

Le gouvernement a cru encore qu'il étoit dans l'intérêt public de ne laisser établir des fourneaux, forges et usines, qu'après avoir rempli des formalités convenables pour en obtenir la permission. Comme la plupart de ces établissemens sont des gouffres de combustible, il convient préalablement de s'assurer que la consommation nécessaire à ces usines, n'élèvera pas trop haut le prix de celui qui est indispensable aux besoins des habitans, et la loi du 21 avril 1810 contient des mesures très-sages à cet égard.

CHAPITRE XII.

Des Priviléges.

Les priviléges ont pour but, ou de concentrer la fabrication d'un objet dans les mains d'un seul, ou de confier exclusivement à une ville ou à une compagnie l'exploitation d'une branche de commerce.

Examinons séparément ces deux sortes de priviléges :

1°. La faculté accordée à un individu, pour exploiter, exclusivement à tout autre, un genre d'industrie, embrasse deux cas possibles : ou le genre d'industrie est connu et déjà pratiqué en France, ou bien il ne l'est pas ; dans le premier cas, le privilége est une injustice ; dans le second, c'est un droit qui émane de la propriété.

Lorsqu'un genre d'industrie est connu et pratiqué, il constitue la propriété de tous : donner un privilége à l'un aux dépens des autres seroit, à la fois, violer le droit de propriété, et étouffer la concurrence toujours utile, tant pour les progrès de l'art que pour l'intérèt du consommateur.

Ce privilége se déguise quelquefois en *faveur*, en accordant, non une exploitation exclusive, mais des remises ou des facilités sur les droits aux frontières ; dans ce cas, le mal est un peu atténué, mais il n'en est pas moins réel.

Un gouvernement éclairé doit voir l'industrie sous un point de vue général : il doit se considérer comme une espèce de providence qui veille de très-haut sur la marche et l'ensemble des événemens, et fait abstraction complète des personnes et des intérêts de localité.

Mais, accorder à un citoyen la faculté d'exploiter, exclusivement à tout autre, un genre d'industrie dont il est l'inventeur, est, de la part du gouvernement, un acte de justice et non une faveur ; c'est un droit que l'autorité consacre, et non un bienfait personnel. Une découverte est la propriété de l'auteur ; elle est la plus sacrée de toutes, puisqu'elle est l'œuvre du génie ; elle doit être accueillie et respectée, puisqu'elle ajoute à la masse de nos richesses : le gouvernement doit donc la garantir entre les mains de l'inventeur.

On pourroit ajouter ici d'autres considérations bien puissantes en faveur du privilége qu'on doit accorder aux inventions : une découverte dans les arts suppose un long emploi de temps et presque toujours des dépenses considérables. Le fameux Bernard de Palissy, qui nous a fait connoître l'art de fabriquer la faïence, avoit, pendant quarante ans de travaux pénibles, employé sa fortune, et brûlé, dans ses fourneaux, jusqu'aux planchers de sa maison, avant de parvenir à enrichir la France de cette découverte ; pourroit-on ne pas avoir égard à ces sacrifices, à ces efforts constans et courageux de l'homme de génie? Et n'est-ce donc pas une propriété que celle qui s'acquiert avec tant de peine? D'ailleurs, quel est celui qui voudroit courir la carrière pénible des découvertes, si l'inventeur devoit en partager le fruit avec ceux qui n'ont partagé ni ses peines, ni ses dépenses?

Les dispositions des lois du 7 janvier et 25 mai 1791, sur les brevets d'invention, me paroissent justes et dans l'intérêt de l'industrie manufacturière : la loi garantit à l'auteur une pleine et entière jouissance de sa découverte pendant un nombre déterminé d'années; il lui suffit de déposer, sous cachet, au secrétariat de son département, pour être renvoyée au ministère de l'intérieur, une description exacte des principes, moyens et procédés qui constituent la découverte, ainsi que les plans, coupe, dessins et modèles qui y sont relatifs, pour le tout être ouvert au moment où l'inventeur reçoit un brevet qui constate sa propriété. Le brevet garantit la jouissance de l'invention pendant cinq, dix ou quinze ans, selon la volonté de l'auteur; le terme de la jouissance ne peut être prorogé que par une loi.

Tout propriétaire de brevet d'invention peut former des établissemens dans toute l'étendue du royaume, et disposer de son titre, comme d'une propriété mobilière.

Un inventeur, convaincu d'avoir célé ses véritables moyens d'exécution ou d'avoir pris un brevet pour des découvertes déjà connues, encourt la déchéance de ses droits à la protection de la loi.

Chaque expédition de brevet porte la déclaration suivante : *Le gouvernement, en accordant un brevet d'invention, sans examen préalable, n'entend garantir en aucune manière, ni la propriété, ni le mérite, ni le succès d'une invention* (Loi du 5 vendémiaire an XII).

Ainsi, un brevet d'invention ne doit être considéré que comme un acte qui constate le dépôt d'une découverte dans les archives du gouvernement, pour pouvoir y recourir si l'inventeur est troublé dans l'exercice de son droit, et faire condamner le contrefacteur. La loi prononce alors des dommages, la confiscation des produits, etc.; mais elle ne condamne qu'après avoir entendu les parties, comparé les procédés, et s'être assurée qu'il y a similitude et identité.

La loi assimile à des découvertes les perfectionnemens qu'on peut donner à des procédés, ainsi que l'importation d'une découverte faite à l'étranger et inconnue à l'industrie françoise : sous ce double rapport, la loi me paroît vicieuse.

Sans doute tout perfectionnement donné à un genre d'industrie mérite des éloges. Mais peut-on raisonnablement assimiler le mérite du perfectionnement à celui de la découverte ? L'article 8 de la loi du 25 mai 1791, dit : *Si quelque personne annonce un moyen de perfection pour une invention déjà brevetée, elle obtiendra, sur sa demande, un brevet pour l'exercice privatif dudit moyen de perfection, sans qu'il lui soit permis, sous aucun prétexte, d'exécuter ou de faire exécuter l'invention principale ; et, réciproquement, sans que l'inventeur puisse faire exécuter par lui-même le nouveau moyen de perfection.* Il résulte de cette disposition de la loi, qu'il n'est peut-être aucun cas où l'artiste qui perfectionne puisse faire usage de son brevet ; car, comment concevoir que le perfectionnement apporté à un procédé,

puisse s'exécuter sans qu'on ait la faculté
d'exécuter le procédé lui-même, surtout lorsque la loi prononce qu'on ne peut pas regarder comme perfectionnement les changemens de formes ou de proportion, ni les
ornemens?

Ce vice radical de la loi a été senti dans
son exécution, et les artistes qui perfectionnent un procédé déjà breveté, prennent
un brevet d'invention, ce qui donne lieu
chaque jour a des procès interminables : il
est rare que l'auteur d'une découverte importante jouisse paisiblement du résultat
de ses recherches ; il consume sa fortune
et ses jours dans les procès, et il a la
douleur de voir passer en d'autres mains
l'exploitation d'une industrie qu'il a créée.
Ce vice de la législation est inhérent à la
nature même des choses ; car les tribunaux ont à prononcer, si le perfectionnement est une découverte réelle, ou une
simple modification de celle du breveté; si
c'est un pur accessoire de la dernière, ou
un procédé nouveau ; et, dans beaucoup de
cas, il est bien difficile de motiver un jugement. C'est ainsi qu'on a vu, de nos jours,
Argand, inventeur des lampes à courant

d'air, et Édouard Adam, créateur d'un appareil admirable pour distiller les vins, défendre vainement, pendant longues années, leurs droits de propriété devant les tribunaux, et périr presque dans la misère, après avoir enrichi et illustré leur pays.

La loi me paroît bien plus vicieuse, en assimilant à une découverte l'importation d'un procédé qui est pratiqué chez l'étranger : une méthode pratiquée chez des peuples voisins, ne peut pas tarder à être connue ; et, accorder les droits de l'invention à celui qui l'importe, consacrer en ses mains le privilége exclusif de l'exploiter pendant longues années, c'est priver le public d'un genre d'industrie qui étoit presque déjà du domaine de la société, et dont le public seroit devenu possesseur dans quelques jours.

La législation de Colbert et celle de ses successeurs, touchant l'importation d'une industrie étrangère, me paroissent plus raisonnables que celle de nos jours : lorsque ce grand ministre voulut enrichir la France de l'art de la bonneterie qui prospéroit en Angleterre, et de la fabrication des draps fins qui excelloit en Hollande, il appela

Hindret et Van-Robais, deux des fabricans les plus renommés dans ces deux genres d'industrie ; mais il se garda bien de leur accorder des priviléges, parce qu'il vouloit que la nation jouît le plus tôt possible de tous les avantages de ces deux branches de prospérité : il fixa Hindret, qui importoit le métier à bas, au château de Madrid, dans le bois de Boulogne, et Van-Robais à Abbeville : il leur forma des établissemens convenables, les assortit de tout ce qui leur étoit nécessaire, accorda quelques priviléges temporaires aux produits de leurs fabriques, et leur confia l'apprentissage de nombreux élèves, auxquels il donnoit un métier, lorsqu'ils étoient suffisamment instruits, pour aller porter et propager l'industrie sur tous les points de la France. De cette manière, et en peu d'années, il établit dans le royaume ces deux genres de fabrication qui sont devenus deux des principales sources de sa richesse.

Le génie de Colbert varioit la législation sur l'importation d'un procédé de l'industrie étrangère, d'après la nature de l'objet, l'étendue de la consommation, et l'emploi plus ou moins considérable de capitaux qu'exigeoit un premier établissement. C'est ainsi qu'en 1665, il fut accordé un privilége pour l'importation de l'art de souffler les glaces qui, jusque-là, n'avoit été pratiqué qu'à Venise, et un second en 1668, pour les glaces coulées. Ces deux priviléges furent réunis, par le successeur de Colbert, en 1695 ; en 1725 on en donna à une compagnie connue sous le nom d'Antoine Dagincourt ; et, en 1757, Louis Renard en obtint un nouveau, sous la condition expresse qu'il diminueroit le prix des glaces, conformément à un tarif arrêté entre lui et le gouvernement.

En 1755 on autorisa Charles Adam à fabriquer de la porcelaine, façon de Saxe, peinte et dorée, avec privilége de vingt ans. L'établissement fut formé dans le château de Vincennes.

Ces priviléges étoient nécessaires, sans doute, dans un temps où l'industrie étoit dans son enfance ; mais aujourd'hui que les lumières ont pénétré partout, aujourd'hui que les communications entre les peuples se sont étendues, l'importation d'un procédé ne suppose pas un grand mérite, et le privilége exclusif de l'exploiter pendant quinze ans, me paroît une atteinte portée à la liberté de l'industrie et au bien de la société.

Les brevets ne devroient donc être accordés qu'à l'auteur d'une découverte. Quant
aux perfectionnemens et aux importations,
le gouvernement seroit tenu d'indemniser
les auteurs, d'après l'avis d'une commission
composée d'hommes éclairés, sur un fond
d'encouragement destiné à cet objet, et ces
indemnités ne seroient prononcées que dans
les cas assez rares d'un grand intérêt pour
l'industrie.

Le système d'encouragement adopté par
Colbert pour l'importation d'un genre d'industrie a été suivi, en partie, par ses successeurs : en 1720, Henri Anthès proposa
d'établir, en Alsace, une manufacture de
fer-blanc, le gouvernement lui accorda le
privilége exclusif de la fabrication, dans
cette seule province, pendant vingt ans,
et l'exemption de tous droits, aux frontières
et à la circulation dans l'intérieur, pour les
produits de ses établissemens. Dix ans après,
le même artiste offrit d'établir, dans la même
province, une manufacture d'armes blan-
ches ; il obtint un privilége de trente ans
pour les fabriquer dans cette seule province,
et une somme de 30,000 fr., à condition qu'il
fourniroit les armes à un dixième au-dessous

des prix de la manufacture de Solinghen d'où on les avoit tirées jusque-là.

2°. Lorsqu'il a été question d'ouvrir un commerce, et d'établir des relations un peu étendues avec un pays presque inconnu et peu civilisé, la création des compagnies privilégiées devenoit nécessaire : non-seulement il falloit de grands capitaux pour y former les établissemens convenables, et déployer de grands moyens pour les achats d'importation et d'exportation ; mais la nature du pays, le caractère des habitans, l'absence de toute loi de répression pour les vols, les assassinats, etc., exigeoient le développement de moyens suffisans pour faire respecter les personnes et garantir la propriété. On a dû y construire des forts, salarier des armées, équiper des vaisseaux, pénétrer, s'établir et se maintenir dans des lieux peu civilisés : de tels moyens n'étoient pas au pouvoir des particuliers.

Il est même des pays où les souverains disposent de la liberté de commercer sur leur territoire, moyennant une rétribution annuelle : c'est à cette condition, par exemple, que le dey d'Alger accorde la pêche du corail et l'extraction de ses blés ; dans ce cas, ou le gouvernement doit payer cette redevance et transmettre la liberté de ce commerce à tous ses sujets, ou privilégier une compagnie qui se charge de tous les frais.

A mesure que le commerce a pénétré dans ces pays sauvages, il y a introduit peu à peu la civilisation : les rapprochemens, l'intérêt commun ont lié successivement les peuples, et il est peu de contrées, aujourd'hui, où les relations commerciales exigent les précautions qui étoient nécessaires autrefois.

La compagnie des Indes a été la plus puissante de toutes celles qui ont existé : l'immense population de ces vastes contrées consommoit une partie des produits de notre industrie, et la fécondité du sol nous offroit, en retour, des productions aussi variées qu'utiles. Le traité de Paris a changé notre position ; quelques places démantelées, la perte de l'Ile-de-France qui auroit pu mettre à l'abri nos achats et notre marine, ne laissent plus au commerce aucune sûreté ; et le négociant qui dirige aujourd'hui ses spéculations vers l'Inde, ne risque ses capitaux qu'en tremblant, puisque le premier coup de canon tiré en Europe doit être le signal de sa ruine. Au reste, les productions de l'Inde ne présentent pas pour nous le même intérêt, depuis que nous sommes parvenus à fabriquer dans nos ateliers presque toutes les variétés de tissus qu'on en exportoit autrefois; mais ce n'est pas moins une perte pour notre commerce d'environ trente millions par an.

On ne peut pas nier que les compagnies n'aient rendu des services réels : elles ont ouvert le chemin au commerce, ont fait connoître et apprécier nos produits, et levé les difficultés sans nombre qu'ont présentées les premières relations; elles ont défriché, pour ainsi dire, le sol commercial; mais je crois qu'il est de l'intérêt public de laisser aujourd'hui l'exploitation du commerce de toutes les nations à la liberté. Le particulier qui agit pour son propre compte, est toujours plus économe et plus industrieux que des compagnies.

Les longues et vives discussions qui se sont élevées, vers la fin du dernier siècle, pour ou contre les compagnies privilégiées, ont constamment offert des résultats favorables à la liberté du commerce. Le tableau du commerce de l'Inde, pendant les années où il a été régi par une compagnie, comparé à celui des années où il a été libre, est en faveur de ce dernier, comme on peut le voir dans l'état joint à la page 131 du premier volume de cet ouvrage.

Je ne pense pas qu'il s'agisse jamais d'assujettir le commerce à opérer ses retours dans un seul port; il y avoit peut-être quelque raison particulière pour n'effectuer ceux de l'Inde que sur le port de Lorient, lorsque nous pouvions appeler l'Europe à nos marchés, lorsque des monceaux de marchandises exigeoient des magasins immenses qu'on ne trouvoit que là, lorsque l'intérêt d'une compagnie qui ouvroit ses ventes à des époques fixes se trouvoit dans la concurrence des acheteurs. Les temps ne sont plus les mêmes, et il faut laisser au propriétaire de la marchandise le soin de choisir ses marchés; il se rapprochera du consommateur de manière à concilier les intérêts respectifs.

Indépendamment de ces priviléges accordés à des particuliers ou à des compagnies, il en existoit encore, avant la révolution, en faveur des provinces et des villes : les premiers ne doivent pas nous occuper ; c'étoient, ou des faveurs qu'on avoit successivement accordées à certaines localités , ou des conditions stipulées dans les contrats de leur réunion à la France. Il n'existe plus aujourd'hui qu'une même loi pour tous les François , et ces exceptions ne peuvent pas reparoître. Mais comme les priviléges donnés à des villes maritimes intéressent le commerce, nous croyons devoir en parler.

Nous ne reviendrons pas sur le privilége qu'avoit obtenu le port de Lorient pour les retours de l'Inde , ni sur les franchises de Marseille, Dunkerque et Baïonne ; nous nous bornerons à dire un mot du privilége qui accordoit l'exploitation du commerce du Levant à la ville de Marseille.

Marseille est si bien située par rapport au commerce des échelles du Levant, que la presque totalité lui en est dévolue par sa seule position. L'existence de son lazaret lui en assure les retours pour toute la consommation du midi : ce sont là des avantages qu'aucun autre port ne peut lui disputer. Ajouter à cela un droit de 20 pour cent, pour les retours du Levant, qui se faisoient par Rouen et Dunkerque, et la.

prohibition pour tous les autres ports, est une injustice envers le consommateur du nord de la France, qui paye plus cher les produits du Levant, et envers le commerce des autres ports, qui ne peut pas opérer directement avec le Levant. Marseille préle-voit un droit sur les marchandises du Levant, qui abordoient dans son port, pour sala-rier les consuls des échelles et acheter la protection de son commerce et de ses comp-toirs auprès des puissances du pays ; et il eût été juste d'y faire participer tous les François qui auroient voulu partager ce com-merce : mais la justice se bornoit là ; et si jamais ce commerce se rétablit dans sa splendeur primitive, c'est de ces principes qu'il faudra partir.

Je ne parlerai point de quelques faveurs que les souverains ont faites de tout temps à des établissemens auxquels ils permettoient de prendre le titre de *fabrique royale*. Ces annonces pompeuses n'étoient qu'une dis-tinction qui n'entraînoit, le plus souvent, aucune prérogative.

CHAPITRE XIII.

Des Franchises.

IL est des positions sur les bords de la mer qui attirent et fixent le commerce d'une manière plus favorable que d'autres, et c'est sans doute là qu'il s'est d'abord établi. Mais la situation d'un port de mer peut être plus avantageuse au débouché des productions de l'intérieur, qu'au versement des denrées étrangères pour la consommation du pays ; elle peut encore être telle, à l'égard des nations voisines, qu'elle forme l'entrepôt naturel de leurs marchandises et qu'elle y appelle leur commerce. Le gouvernement françois a su de tout temps apprécier ce dernier avantage, et distinguer, sous ce rapport, la position de Baïonne, de Marseille et de Dunkerque.

La franchise de Baïonne remonte à une époque très-reculée : des lettres-patentes de 1483 la consacrent d'une manière positive : le voisinage de l'Espagne y attiroit un immense commerce ; les Biscaïens venoient s'y pourvoir d'une foule d'objets qu'ils trans-

portoient chez eux par le cabotage ; les Espagnols soldoient leurs achats avec des pias-
tres ou par l'échange de quelques denrées
de leur pays. En considération des communications qui existent entre la France et
l'Espagne, par les gorges des Pyrénées, on
étendit la franchise, non-seulement au port
de Saint-Jean-de-Luz, mais à tout le territoire du pays de Labour, depuis Baïonne
jusqu'aux frontières, entre l'Adour, la Nive
et la mer.

La position de Marseille exigeoit la franchise du port : le voisinage des côtes de la
Barbarie, de l'Italie, de la Catalogne, en
présentoit tous les avantages, et la franchise de Gênes, de Livourne et de Trieste,
en démontroit la nécessité. Cette vérité
avoit été sentie de tout temps : les comtes
de Provence avoient accordé des priviléges
considérables à son commerce, des actes de
1596 les avoient confirmés ; mais les besoins
du trésor public, et l'intérêt peu éclairé qu'on
accorda au commerce pendant un siècle et
demi, multiplièrent tellement les droits,
donnèrent lieu à tant de vexations, que les
étrangers, ne trouvant plus ni protection
ni liberté dans ce port, s'en éloignèrent et

furent enrichir le marché de Gênes et celui de Livourne. Par un édit de 1669, Colbert organisa la franchise dans toute sa pureté : dès lors la ville et tout son territoire ne furent plus qu'un vaste entrepôt, où tout entroit et d'où tout sortoit sans presque remplir aucune formalité. Néanmoins le commerce du Levant fut soumis à un droit de cinq pour cent, pour fournir au traitement des consuls dans les échelles. Peu après, divers articles furent soustraits de la franchise, tels que les sucres et les cafés étrangers; en 1703, l'entrée de Marseille fut fermée aux toiles des Indes, aux lainages et aux produits des tanneries venant de l'étranger : ainsi la franchise fut successivement restreinte, et la ville de Marseille a dû sa prospérité, bien moins encore à sa franchise qu'au privilége exclusif qu'on lui accorda pour le commerce du Levant; en effet, on frappa de 20 pour cent toutes les importations du Levant sous pavillon étranger, et toutes celles qui se faisoient par un autre port françois; encore ces retours n'étoient-ils tolérés, sous ces conditions, que pour Rouen et Dunkerque. On étendit peu à peu ce privilége à toutes les soies et mar-

chandises d'Italie apportées par mer. En
1760, le commerce de Marseille obtint
encore une juridiction directe sur les contestations relatives au droit de 20 pour cent,
et l'étendit aux marchandises qu'il recevoit
du Levant sur navire françois, lorsqu'elles
n'appartenoient pas à un propriétaire du
royaume. On voit, par tout ce qui précède,
que la prospérité du commerce de Marseille
est moins le résultat de la franchise de son
port, que celui de ses priviléges pour le
commerce du Levant.

Le port de Dunkerque, situé à l'entrée
des mers du nord, et à une distance presque égale de la Baltique et de la Méditerra-
née, semble destiné, par sa position, pour
lier le commerce du nord à celui du midi.
Le voisinage de la Hollande, de la Belgique
et de l'Angleterre, l'ont de tout temps dési-
gné comme l'entrepôt naturel d'un vaste
commerce, et tous les gouvernemens qui
l'ont possédé lui ont constamment accordé
la franchise : elle remonte à Philippe d'Alsace, comte de Flandre, qui l'établit en
1170 ; depuis six à sept siècles, cette ville a
changé neuf fois de domination, et sa franchise a été toujours maintenue. Cette fran-

chise, qui a été l'objet constant de la jalousie des puissances voisines, fut suspendue après le traité d'Utrecht, mais on ne tarda pas à la rétablir en 1726, et on augmenta l'enceinte du quartier franc.

La ville de Lorient avoit depuis long-temps le privilége des retours de l'Inde; on crut utile au commerce de lui accorder la franchise, dans l'espoir d'y former un marché plus considérable en y attirant un plus grand nombre d'étrangers; mais le commerce des ports voisins ne cessa de porter des plaintes contre ce privilége, et la suppression en fut prononcée le 27 mars 1790.

La franchise des ports de Marseille, Dunkerque et Baïonne fut supprimée en 1795: on se fonda, pour prononcer cette suppression, sur les motifs suivans:

1°. On accusa les franchises de *dénationaliser* une ville, c'est-à-dire, de la rendre presque étrangère aux intérêts de la patrie, parce que, placée en dehors de la ligne des douanes, recevant à moins de frais tous les produits étrangers, opérant chaque jour sur les marchandises des pays voisins, elle vit isolée du reste de la nation, et ne contribue à sa prospérité par aucun sacrifice.

2°. La franchise d'une ville suppose la libre disposition des marchandises d'origine étrangère ; elle en autorise donc une consommation illimitée de la part des habitans, ce qui ne peut être qu'au préjudice des denrées nationales et des produits de l'industrie.

3°. La garde d'une ville ouverte de toutes parts, et à plus forte raison celle de tout un pays, est pénible, dispendieuse, toujours insuffisante. La partie qui s'écoule par la contrebande est au détriment de l'industrie et de l'agriculture de l'intérieur.

4°. Les manufactures établies dans l'enceinte de la franchise s'approvisionnent de matières qui ne payent pas de droits, et en exportent les produits sans être assujetties à aucune formalité, ce qui nuit à la fois aux productions du sol et au commerce avec l'étranger pour tous les objets de l'industrie nationale.

D'après ces observations, et surtout d'après les principes qui dominoient en France, en l'an III (1795), on a cru devoir supprimer les franchises, et cette suppression a dû, à son tour, amener des changemens qui ne permettent plus de les rétablir dans leur ancienne forme. La nature et l'importance des relations commerciales n'étant plus les mêmes, depuis cette époque, le commerce de ces villes a donné une autre direction à son industrie et à ses capitaux ; on y a établi et multiplié les fabriques ; elles ne sont plus purement commerçantes comme autrefois, elles sont devenues manufacturières ; de sorte que le système des franchises s'est compliqué, et présente aujourd'hui de nouvelles difficultés. Ce sont ces considérations qui n'ont pas permis l'exécution de la loi du 16 octobre 1814, qui rétablit la franchise de Marseille ; en effet, l'ordonnance du 20 février 1815, qui organise cette franchise pour prévenir les abus de la fraude et garantir l'intérêt des fabriques de l'intérieur, ne laisseroit au commerce aucun des avantages qui constituent la franchise : aussi le commerçant n'a-t-il pas tardé à s'apercevoir que les nombreuses formalités qu'on exigeoit de lui étoient inexécutables de sa part, que sa fortune et son honneur étoient journellement compromis par les manifestes, les déclarations, les vérifications, les entrepôts auxquels on l'avoit assujetti ; et il a invoqué le retour au dernier état des choses qui étoit empiré par de plus fortes entraves. J'avois prévu ce résultat en 1814, et l'avois annoncé publiquement au milieu de l'enthousiasme qu'avoit excité la loi qui rétablissoit la franchise.

Le système des franchises fut remplacé par celui des entrepôts qu'on rendit général : ce système fut régularisé par le dernier gouvernement; on établit deux sortes d'entrepôt, l'entrepôt réel et l'entrepôt fictif : on mettoit dans le premier les marchandises prohibées qui devoient être réexportées, et celles qui devoient payer de gros droits aux douanes et passer à l'intérieur pour la consommation. On mettoit dans l'entrepôt fictif toutes celles qui étoient sujettes à des droits plus modérés : les marchandises étoient inscrites sur le livre des douanes et pouvoient garder l'entrepôt pendant un an sans payer les droits; celles qui, avant ce terme, passoient à la consommation, les payoient à leur sortie du magasin ; on obtenoit même des délais pour les autres. Dans tous les cas, l'administration exigeoit une caution en garantie de ses droits.

Ces entrepôts sont sans doute d'un grand avantage, mais l'entrepôt réel a des inconvéniens qui ne peuvent pas se concilier avec la liberté et l'intérêt du commerce.

Dans l'entrepôt réel, la marchandise est placée sous la clef des douanes : le propriétaire ne peut ni la soigner, ni la manipuler, ni l'assortir, selon ses goûts, son temps et sa volonté ; l'impossibilité de disposer long-temps d'un commis qui vient ouvrir les magasins, ne permet pas de prévenir ou de remédier aux altérations, au coulage et autres accidens qui peuvent survenir. L'acheteur qui veut traiter d'une marchandise ne peut la visiter que sous le bon plaisir du commis des douanes qui a la clef du magasin ; et la difficulté de réunir à heure fixe trois hommes, devenus nécessaires pour conclure un achat, rend les marchés moins fréquens.

Cette rigueur avoit paru nécessaire dans le temps, à cause des droits énormes qu'on avoit mis sur les denrées coloniales, droits qui étoient tels que le montant s'élevoit, pour les sucres, le café et le coton, au-dessus de la valeur réelle de ces objets à leur arrivage dans nos ports. Aujourd'hui que le tarif est très-modéré, l'entrepôt réel devient inutile ; la plupart de ces objets ne payent qu'un simple droit de balance, et aucun ne paye au-delà du dixième de ce qu'il payoit alors. Le gouvernement n'a plus à craindre de perdre ses droits, il n'a donc plus d'intérêt à séquestrer la marchandise et à la mettre sous clef; il peut, par conséquent, supprimer l'entrepôt réel sans inconvénient; le conserver, seroit vexer gratuitement le commerce, et sans profit pour le trésor (1).

L'entrepôt fictif offre beaucoup d'avantages au commerce et ne présente pas les mêmes inconvéniens que l'entrepôt réel. Pour jouir de l'entrepôt fictif, il suffit au propriétaire de la marchandise ou au con-

---

(1) L'entrepôt réel m'a toujours paru odieux; j'ai proposé, en 1803, le système que je présente aujourd'hui, mais le gouvernement préféra l'entrepôt réel. J'ai reproduit mes idées en 1813, en proposant des quartiers francs où les marchandises fortement tarifées seroient déposées concurremment avec celles qui sont prohibées; je croyois donner, par ce moyen, toute garantie au gouvernement pour ses droits, et faciliter au commerce la faculté de surveiller sa propriété. Ce projet fut adopté par M. le comte de Sussy, et par M. Ferrier, directeur-général des douanes, mais le gouvernement refusa de l'adopter.

signataire de faire leur déclaration préalable à la douane, des quantités, qualités,
marques et numéros de chaque article, de
les faire constater et vérifier avant de déposer
la marchandise dans les magasins. L'administration accorde le terme d'un an pour
payer les droits d'entrée, et peut exiger une
caution en garantie du payement.

L'entrepôt fictif a donc le double avantage, pour le négociant, de lui donner des
facilités pour payer les droits, et de ne pas
entraîner de vexations ; cependant le commerce s'est plaint de l'excessive rigueur que
la douane employoit pour en assurer l'exécution ; il paroît même que, sous ce rapport,
la justice provoquoit quelques améliorations
qui, sans léser le trésor, devoient rendre
cette institution plus parfaite. On exigeoit
que les déclarations fussent fournies avant
d'avoir reçu les marchandises, et souvent
la vérification qui en étoit faite présentoit
ou la traduction inexacte d'un mot d'une
langue étrangère, ou des erreurs dans les
nombres, des différences dans les numéros,
les poids, etc. ; ce qui constituoit tout autant de contraventions qu'on pouvoit éviter

en se bornant à vérifier les marchandises,
le manifeste à la main, sans déclaration préalable, et à rectifier de bonne foi les erreurs
qui pourroient exister sur le manifeste.
Ainsi, à l'arrivée d'un navire, le propriétaire
ou le consignataire devroient être tenus d'en
faire la déclaration et d'énoncer la nature
des marchandises qui y sont chargées pour
leur compte; les préposés de la douane se
rendroient à bord du bâtiment avec le négociant pour constater et vérifier la nature et
le poids, et en dresseroient un procès-verbal
qui seroit signé par les deux parties; la quotité des droits y seroit relatée, et les marchandises ne pourroient être transportées
dans les magasins qu'après que l'administration auroit aggréé une caution pour la garantie du payement des droits lorsqu'elle
juge cette précaution convenable. La plupart des denrées emmagasinées perdent
naturellement de leur poids; les liquides
coulent, quelques sels se liquéfient, mais
la douane faisoit *livre net :* les préposés qui
vérifioient les marchandises assimiloient les
déchets naturels à des soustractions fraudu-
leuses; ils condamnoient le détenteur à de
doubles droits, ils le traitoient comme s'il

avoit vendu clandestinement ce qui constitue ce *déficit*, pour fruster la douane de ses droits. Il n'en falloit pas davantage pour éloigner de nos ports le commerce de consignation. La diminution de poids qu'éprouvent certaines marchandises par la dessiccation étant connue du commerce, il seroit juste d'accorder une remise sur le droit ; l'épanchement d'un liquide opéré par un accident imprévu, la détérioration complète d'une denrée constatée par un procès-verbal, ou par l'aveu d'un préposé appelé à cet effet, doivent entraîner la remise du droit imposé sur les marchandises perdues.

L'administration ne doit jamais perdre de vue que les impôts, quelque onéreux qu'ils soient, indisposent moins le négociant que les vexations, les démarches multipliées, les déclarations sans nombre, les formalités inutiles qui le détournent sans cesse de ses occupations, et le tiennent dans une crainte continuelle, et que l'emploi d'une mesure qui n'est pas rigoureusement nécessaire est un véritable fléau pour le commerce, et déverse sur l'autorité publique une animadversion générale. La direction des douanes paroît aujourd'hui pénétrée de ces vérités, et elle tâche d'y conformer son administration, autant que les circonstances le lui permettent.

Sans doute le gouvernement doit employer des moyens suffisans pour assurer la perception de ses droits, mais le commerce, en les payant, peut exiger à son tour la liberté nécessaire à ses opérations, et la plus grande facilité pour la circulation et la disposition de ses marchandises. Seroit-il donc vrai que leurs intérêts fussent incompatibles, et qu'on ne pût les allier? Je ne le pense pas, et je vais proposer mes vues à ce sujet.

Il est deux sortes de marchandises qu'on peut apporter dans nos ports : les unes prohibées, c'est-à-dire, qui ne peuvent pas, d'après les lois, être admises à la consommation du pays; les autres, dont l'entrée est autorisée, moyennant un droit de douane déterminé. Admettre les premières dans les magasins des particuliers, même avec l'engagement de les exporter, ce seroit s'exposer à des versemens frauduleux, à des remplacemens ou échanges de produits de même nature et non de même prix : quant aux secondes, il n'y a aucun inconvénient dans l'entrepôt fictif : la douane établit ses droits à l'arrivée, s'en assure le payement par une caution, et elle le perçoit à mesure qu'elles sont vendues pour passer à la consommation.

Le régime des marchandises prohibées doit donc être différent de celui des marchandises qui ne le sont pas. Mais jusqu'ici on n'est parvenu à éviter les dangers que présente l'emmagasinement des premières, qu'en les mettant sous la clef des douanes, ce qui ne permet presque plus au propriétaire de les visiter quand il veut, de les manipuler, de les assortir, et d'en prévenir la détérioration.

Mais si, dans une ville maritime et à côté de son port, on ménage une enceinte entourée de fossés ou de murs, remplie de magasins comme ceux d'une foire, où personne ne soit admis à habiter, et que les commerçans puissent fréquenter librement; si cette enceinte n'a qu'une porte sur le port, avec un bureau de douanes pour constater l'entrée et la sortie, il me paroît qu'on peut, sans inconvénient, y déposer les marchandises prohibées, et toutes celles qu'on destine à la réexportation.

Cette enceinte seroit ouverte du matin au

soir, et le négociant auroit la faculté de visiter ses denrées à toute heure, de les soigner, de les manipuler, etc.

On pourroit percevoir un léger droit d'entrepôt qui serviroit à faire les réparations convenables, et à rembourser la dépense de premier établissement qu'auroit faite le commerce ou l'administration.

Je ne vois rien, dans cette mesure, qui puisse contrarier le commerce ni compromettre l'intérêt du trésor : tout y est simple et facile à exécuter. Les vaisseaux, quelle que soit la nature de leur cargaison, abordent dans le port ; les marchandises sujettes à la réexportation sont d'abord déposées à l'entrepôt réel établi dans l'enceinte franche ; celles qui peuvent passer dans la consommation sont versées, en entrepôt fictif, dans les magasins du propriétaire : par ce moyen, aucun vaisseau étranger ne doit s'éloigner de nos ports ; celui qui n'a pas pris une cargaison complète dans un port étranger peut venir compléter sa cargaison : et celui qui n'en a qu'une partie d'admissible à la consommation de l'intérieur peut s'arrêter dans nos ports pour l'y vendre, et la remplacer par des denrées de notre pays : ainsi, comme le plus grand avantage pour le commerce est de multi-plier, de faciliter les relations, et d'appeler dans nos villes maritimes le plus de vais-seaux possible, il est difficile d'atteindre ce but d'une manière plus directe que par les moyens que je propose.

Gênes, qui a joui pendant long-temps d'une grande prospérité, l'a due à son quartier-franc, qui n'est qu'une grande enceinte dans laquelle sont déposées les marchandises.

Dunkerque n'a joui de la franchise que dans le quartier de la ville qu'on appelle *ville haute*.

Les Anglois doivent une grande partie de la prospérité de leur commerce, depuis vingt ans, aux quartiers francs qu'ils ont établis ; c'est dans ce but qu'ils ont creusé trois ports sur la Tamise : l'un pour les re-tours de l'Inde, l'autre pour ceux des An-tilles, et le troisième, pour des commerces divers : moyennant une légère rétribution les navires peuvent entrer et sortir librement. On peut regarder comme entrepôts toutes les îles que les Anglois possèdent aujourd'hui, à portée des pays de consommation, dans lesquels ils peuvent facilement verser leurs marchandises ; telles sont Malte, Jersey, Guernesey, Héligoland, etc. On croira sans peine que les entrepôts francs, tels que nous venons de les proposer, étant placés sur notre territoire et à portée des ressources que présente une grande nation, y attireront de préférence le commerce.

Sur un territoire aussi étendu que celui de la France, il est des points qui, par leur position, sont le rendez-vous, pour ainsi dire, du commerce, et doivent en former l'entrepôt, soit pour la consommation intérieure, soit pour la vente aux pays voisins. Lyon m'a toujours paru dans cette admirable position. Cette ville, placée à la réunion de deux grands fleuves dont la navigation établit une communication facile du nord avec le midi de la France, située à peu de distance du Piémont, de la Suisse et de l'Allemagne, forme un entrepôt naturel, un véritable *port de terre* (qu'on me permette cette expression) pour tous ses voisins ; et l'intérêt bien entendu de la France ne peut pas la déshériter d'un avantage que la nature lui a accordé. Ainsi, il doit y avoir à Lyon, non une enceinte franche qui lui seroit

inutile, mais un entrepôt fictif, pour toutes
les denrées coloniales et les soies de l'intérieur et de l'Italie : les marchandises étrangères doivent y arriver avec un acquit à caution, délivré aux frontières, pour être déchargé à l'entrée dans l'entrepôt. L'utilité
de cette mesure a été reconnue et consacrée
par le dernier gouvernement; le bien public
en réclame aujourd'hui la continuation.

CHAPITRE XIV.

Du Transit.

Un peuple, dont le territoire est cerné de
toutes parts par celui des puissances voisines, vivroit isolé au milieu des nations si
on lui refusoit la faculté de déboucher ses
produits et d'importer les objets dont il a
besoin; il pourroit tout au plus commercer
avec des voisins qui lui feroient la loi, et la
plupart des grands marchés de l'Europe lui
seroient fermés.

Un tel état de choses est tellement contraire aux droits des gens, aux principes de
la civilisation et à l'intérêt bien entendu des
peuples, qu'il est peu de nations qui ne

prêtent leur territoire pour établir les communications nécessaires au commerce.

Les gouvernemens qui se refusent à accorder le *transit* motivent leur conduite sur
quelques raisons qui me paroissent également futiles : en abusant de la position d'un
pays, ils veulent le contraindre à s'approvisionner chez eux, et croient encore, par ce
moyen, pouvoir disposer à leur gré de tous les
produits de son sol ; c'est là, en dernière analyse, le seul but qu'ils se proposent ; mais,
en traitant ces peuples indépendans comme
des colons sur lesquels on exerce un droit de
conquête, a-t-on pris pour base les lois de la
justice ? a-t-on considéré les rapports d'amitié
qui doivent lier les peuples ? a-t-on même
consulté le véritable intérêt national ? je ne
le pense pas.

En général, il n'y a de commerce durable
qu'entre les nations qui se lient par une
estime et des intérêts réciproques. Lorsque
la contrainte forme ces liens, la défiance ne
tarde pas à les rompre. Une nation libre se
dégage, dès qu'elle le peut, des engagemens
imposés par la force ; elle s'ouvre des débouchés ailleurs, et se crée de nouvelles
routes pour ses approvisionnemens et ses

ventes ; elle ne conserve même plus alors le commerce naturel de voisinage avec la nation qui a voulu l'asservir.

Comme l'intérêt réciproque forme la base de toutes les relations commerciales , celles qui s'établissent entre deux nations voisines prennent nécessairement toute l'étendue dont elles sont susceptibles ; et vouloir empêcher que l'une d'elles ne verse , chez d'autres nations plus éloignées, le superflu de ses produits , c'est agir contre toutes les lois de la justice et les convenances d'une saine politique : vouloir la forcer, en abusant de sa position , à s'approvisionner ailleurs que là où elle trouve le plus d'avantage , c'est ajouter, au premier acte de tyrannie, la violation de tous les droits qui doivent unir les peuples.

On me dira qu'en laissant transiter des marchandises étrangères sur notre sol, nous nous privons d'un débouché auprès de la nation à qui elles sont destinées. A cela, je réponds que, si notre commerce ou notre industrie pouvoient fournir, au même prix, les objets de même nature , le consommateur leur donneroit à coup sûr la préférence ; et que, puisqu'il s'approvisionne ailleurs, il

tant qu'il y trouve de l'avantage. Mais d'ailleurs, en refusant le *transit*, pourroit-on se
flatter qu'on forceroit ce consommateur à
se pourvoir des produits qu'il juge défavo-
rablement? ne trouvera-t-il pas les moyens
de se les procurer ailleurs par d'autres voies?
Ce refus n'auroit pour résultat que de rompre l'harmonie qui doit exister entre des
nations voisines, et de nuire à notre commerce et à notre industrie.

On pourroit craindre encore que le *transit*
ne donnât lieu au versement des marchandises dans l'intérieur : cette crainte seroit
fondée si le gouvernement ne prenoit pas
toutes les précautions convenables pour prévenir cet abus; et je pense qu'à cet égard il
ne sauroit se montrer trop sévère : car, sans
cela, l'intérêt du trésor et celui de l'industrie
seroient également compromis. Dans ce cas,
l'administration désigne les bureaux d'entrée
et de sortie, on constate la nature et l'état
des marchandises qui doivent transiter, on
plombe et scelle les caisses, balles et balots
qui les contiennent. L'acquit à caution qu'on
délivre au bureau d'entrée est déchargé
à celui de sortie, où l'on vérifie avec soin
les marchandises pour s'assurer qu'elles sont

de la même nature, et qu'aucune partie n'en a été distraite. On pourroit, pour plus de sûreté, exiger, ou une caution pour le montant des droits que payeroient ces objets s'ils étoient admis à la consommation, ou le dépôt de ces mêmes droits qui seroit retenu jusqu'au moment où l'acquit à caution seroit déchargé. En prenant ces précautions, il n'y a plus d'autre risque à courir que la corruption d'un chef de bureau qui peut décharger un acquit à caution sans se faire représenter la marchandise; mais le législateur ne doit pas supposer ces infidélités; car, comme toutes les lois sont exécutées par des hommes, il seroit inutile de continuer à en donner aux peuples.

Nous n'avons parlé jusqu'ici que des marchandises qui, moyennant des droits d'entrée, peuvent être livrées à la consommation de l'intérieur. Il se présente une question bien importante, c'est celle de savoir si on doit admettre au *transit* les marchandises prohibées. Il y auroit beaucoup de danger à laisser transiter ces dernières sur notre territoire; par cela seul qu'elles sont prohibées, il seroit impossible d'établir, par dépôt ou caution, une garantie qui reposàt sur des bases fixes; d'ailleurs, dans le cas d'un versement dans l'intérieur, cette garantie profiteroit au trésor, mais ne remédieroit pas au mal réel qui seroit fait à l'industrie. Ainsi je ne pense pas qu'on doive accorder la faculté du transit aux marchandises prohibées.

On doit considérer le transit non-seulement comme un acte de loyauté de la part du gouvernement qui l'autorise, et une conséquence naturelle des égards que les puissances se doivent entre elles, mais encore comme un bienfait et un avantage pour la nation; car son intérêt est de vivifier l'intérieur par une circulation active; et, en multipliant les transports, on donne lieu à des bénéfices de consommation et à des droits de commission qui ajoutent à sa prospérité.

CHAPITRE XV.

Des Douanes.

Un bon système de douanes est peut-être, de tous les problèmes que présente l'administration publique, le plus difficile à résoudre : il s'agiroit de concilier des intérêts opposés ; et, comme cela est impossible, quelque loi qu'on propose, on compromet ceux d'une classe en favorisant ceux d'une autre, et le législateur se place toujours entre l'approbation et le blâme.

L'agriculteur désire qu'on prohibe ou qu'on grève d'un droit l'importation de tous les produits que le sol françois peut fournir aux fabriques et à la consommation de bouche ; le fabricant demande qu'on laisse entrer librement les matières premières qui, concurremment avec celles de l'intérieur, nourrissent son industrie, et qu'on prononce l'exclusion de tous les objets manufacturés ; le commerçant, dont l'intérêt est de tout déplacer, veut qu'on laisse entrer et sortir sans gène, sans impôt, tout ce qui est du ressort du commerce ; le consommateur, qui n'aspire qu'à s'approvisionner à bas prix, voudroit qu'on défendît l'exportation de tout ce que produisent le sol et l'industrie, et qu'on admît en concurrence les objets analogues qui viennent des pays étrangers ; le gouvernement, qui compte le produit des douanes dans le nombre de ses ressources, est forcé de maintenir sa législation pour ne pas priver le trésor d'un revenu nécessaire.

C'est au milieu de ces intérêts opposés que le législateur est obligé de se frayer une route ; mais, comme il lui est impossible de les concilier tous, il doit chercher d'autres bases pour établir ses décisions.

D'après ce que nous venons de dire, les partisans d'une liberté illimitée ne manqueront pas de conclure qu'il faudroit supprimer les douanes : je suis bien éloigné de partager cette opinion ; il suffit, pour la combattre, d'envisager les résultats qui seroient la suite de cette suppression.

Si les douanes n'existoient pas, nous verrions tomber bientôt ces nombreux établissemens où l'on prépare pour plus de quarante millions de fer, puisque ces fabriques ont de la peine à concourir avec celles du nord de l'Europe, malgré le droit énorme que payent à l'entrée les produits de ces dernières; nous verrions fermer ces beaux ateliers de filature, de tissage et d'impression de coton, qui, créés de nos jours, n'ont pas acquis encore assez de force, et ne disposent pas d'assez de capitaux pour lutter contre les étrangers; nous verrions disparoître ces précieuses manufactures de quincaillerie, qui ne se sont formées que sous la garantie des droits ou des prohibitions dont on a frappé les produits étrangers, et nous réduirions à la misère des millions d'habitans actifs, industrieux, dont l'existence ne repose que sur ces nouveaux genres d'industrie, en même temps que nous anéantirions une énorme valeur de capitaux placés en usines, en bâtimens, qui cesseroient d'être productifs par la cessation des travaux de l'industrie.

On me répondra sans doute que cette partie de la population industrielle seroit rendue à l'agriculture: mais peut-on citer un seul point, sur la surface de la France, où les bras manquent aux travaux des champs ? Ne voit-on pas chaque année plusieurs provinces sur-

chargées de population, en déverser l'excédant dans d'autres contrées? D'ailleurs, croi-
ra-t-on que des hommes nés dans les villes,
élevés dans les ateliers de l'industrie, soient
très-propres à ces travaux? L'agriculture est
un état qui, comme tous les autres, a son
apprentissage, demande de la pratique,
exige des forces, et autres conditions qu'on
ne peut guère espérer de l'ouvrier vieilli
dans les fabriques. La portion de la population qui est réduite à vivre du travail,
est naturellement répartie dans les campagnes et dans les ateliers des villes, en raison
des besoins; changer cet ordre, c'est rompre
l'équilibre, et établir une fluctuation qui
produit la misère et tous ses excès.

On observera encore que le consommateur, qui est toute la nation, trouveroit de
l'avantage à la libre introduction des produits de l'industrie que les étrangers peuvent nous fournir à plus bas prix ; mais je
demanderai de quelle manière on solderoit
l'étranger pour plus d'un milliard de produits de ce genre que nous fournissent aujourd'hui nos fabriques? seroit-ce avec les
productions de notre sol? Mais la mesure de

la consommation au dehors est déterminée
depuis long-temps , et elle ne va pas à cent
millions d'excédant à nos besoins. Elle aug-
menteroit, dira-t-on ; je ne le pense pas : mais
si elle augmentoit, la partie réservée pour
les besoins de l'intérieur prendroit plus de
valeur ; le consommateur perdroit donc ce
qu'il croit gagner, et la nation sacrifieroit
les bénéfices de la main d'œuvre qui sont si
considérables dans les produits industriels
pour lesquels on emploie la plupart des
productions du sol. Seroit-ce avec du numéraire qu'on solderoit l'excédant de la
valeur des importations ? Où sont nos mines ,
surtout depuis que l'insurrection de l'Amérique méridionale nous prive de cinquante
millions que nous tirions annuellement de
l'Espagne par notre commerce ? Seroit-ce avec
nos draperies fines et nos soieries de Lyon
qui sont les principaux produits d'industrie
que nous puissions exporter avec avantage ?
Mais en doublant nos ventes à l'étranger , ce
qui n'est pas probable , nous n'exporterions
pas la valeur de cent cinquante millions. La
France ne pourroit donc pas payer au dehors
la moitié de ce qu'elle consomme aujour-

d'hui en produits de ses manufactures, et
elle se priveroit d'une richesse de main
d'œuvre, qui représente au moins une valeur réelle de six à sept cent millions.

Ainsi, au lieu de nous perdre dans le la-
byrinthe des abstractions métaphysiques,
conservons ce qui est établi, et tâchons de
le perfectionner.

Une bonne législation de douanes est la
vraie sauvegarde de l'industrie agricole et manufacturière; elle élève ou diminue ses droits
aux frontières, selon les circonstances et les
besoins; elle compense le désavantage que
notre fabrication peut trouver dans le prix
comparé de la main d'œuvre ou du combustible; elle protége les arts naissans par
les prohibitions, pour ne les livrer à la concurrence avec les étrangers, que lorsqu'ils
ont pu réunir tous les degrés de perfection;
elle tend à assurer l'indépendance industrielle de la France, et elle l'enrichit de la
main d'œuvre, qui, comme je l'ai dit plusieurs fois, est la principale source des
richesses.

Cette législation embrasse tous les intérêts
d'une nation : mais comme elle ne peut pas
les servir tous également, elle doit se déter-

miner de préférence pour ceux qui réclament son secours d'une manière plus spéciale.

Dans cette espèce d'hiérarchie des besoins, l'industrie manufacturière occupe le premier rang: ainsi que l'agriculteur et le commerçant, le manufacturier a des capitaux dans ses entreprises ; mais ces capitaux sont placés à fond perdu, ils ne produisent qu'autant que sa fabrique prospère ; une mauvaise loi sur les douanes les anéantit dans ses mains, puisque, pour la plupart, ils ne consistent qu'en bâtimens et usines ; cette perte en seroit encore une réelle pour la France, parce quelle diminueroit la production et la main d'œuvre. Le commerçant et l'agriculteur peuvent être contrariés dans leurs opérations, mais leurs capitaux restent ; ils peuvent en changer la destination, tandis que tout est perdu pour le manufacturier. Comme l'agriculteur et le commerçant, le manufacturier emploie des bras, mais la main d'œuvre nécessaire à ses opérations est bien plus nombreuse que celle des deux premiers : nous voyons dans plusieurs ateliers une population de cinq cents ouvriers pour obtenir des produits d'un million de valeur, tandis que quelques

opérations de commerce peuvent produire
la même somme avec le secours de quelques
commis. Le commerçant ne donne aucune
valeur aux marchandises qu'il déplace; le manufacturier crée presque toute celle qu'acquiert en ses mains la matière brute qu'il
travaille. Tous méritent sans doute la protection du gouvernement, mais tous n'en
ont pas le même besoin, parce que leurs
intérêts ne dépendent pas au même degré
de la législation des douanes.

Ainsi, pour établir une bonne législation
sur les douanes, il faut connoître l'état de
nos fabriques, et le comparer avec celui des
fabriques étrangères ; il faut savoir quelle est
la différence dans les prix de la main d'œuvre,
du combustible et des matières premières,
et calculer les droits sur ces renseignemens
pour rendre la concurrence au moins égale.

Il est des personnes qui n'envisagent les
douanes que sous le rapport de leur intérêt
privé, et qui prononcent comme s'il n'y
avoit que cet intérêt à consulter ; il en est
d'autres, et c'est ici l'opinion la plus répandue, qui posent en principe que les matières premières doivent entrer librement et
sans payer des droits ; d'autres enfin pré-

tendent que la taxe sur les produits étrangers ne doit jamais excéder 15 pour cent de la valeur.

Analysons ces trois opinions :

1°. Nous avons déjà observé que l'agriculteur, le fabricant, le commerçant et le consommateur, avoient des intérêts opposés, que la législation des douanes ne pouvoit pas concilier : dans ce conflit de demandes, de prétentions contraires, que doit faire le législateur? Calculer le bien et le mal qui en résultent pour chacun, et prendre le parti qui présente le plus d'avantages au pays.

L'intérêt de l'agriculteur seroit qu'on prohibât l'entrée des laines, du chanvre et du lin; mais, outre que ces productions de notre sol ne présentent pas toutes les qualités désirables pour les divers genres de fabrication auxquels on les emploie, en reste-t-il d'invendues entre les mains des propriétaires? la culture s'en est-elle ralentie? Si cela étoit, il n'y a pas de doute que l'administration ne dût provoquer une loi pour établir des droits à l'importation des matières de même nature, afin de ranimer cette importante culture; mais, dans ce cas, il faudroit encore en affranchir les qualités que nous ne produisons pas, ou que nous produisons en trop petite quantité, telles que les laines mérinos et les laines longues, pour ne pas tarir dans sa source l'industrie qui s'exerce sur elles.

Le manufacturier sollicite la libre introduction des matières premières, et la prohibition des produits fabriqués : si ces demandes étoient accueillies, les fers du nord et de l'Angleterre seroient les seuls qu'on travaillât dans nos ateliers, et la France perdroit une industrie qui fait vivre cent mille de ses habitans, donne de la valeur à ses forêts, et emploie des usines immenses qui cesseroient d'être productives. Nous possédons déjà plusieurs établissemens de divers produits métalliques, dont la fabrication n'est connue que depuis peu de temps, et qui ne fournissent pas encore à tous les besoins de la consommation : prohiber l'entrée des produits étrangers, ce seroit donc compromettre le service public ; tout ce que doit faire la législation se borne à établir des droits modérés pour favoriser cette industrie naissante, et à l'encourager par des primes, pour la mettre dans le cas de supporter la concurrence ; c'est là le seul moyen de concilier tous les intérêts. Comme le principal but de l'institution des douanes est de protéger l'industrie, une partie des recettes devroit être consacrée à l'encourager.

Il n'y a pas de principes généraux en fait de douanes ; tout est relatif aux circonstances, à l'état comparé de l'industrie, aux besoins du consommateur ; une sage administration ne doit se conduire que d'après l'étude approfondie de tous ces objets.

2°. On dit généralement que les matières premières doivent être admises sans payer aucun droit, et on fait, de ce principe, la base fondamentale de la législation des douanes : commençons par nous fixer sur la valeur du mot : entend-on par matière première celle qui n'a reçu aucune main d'œuvre ? Il n'en existe point de cette nature : le chanvre, le lin, le coton, les métaux, ont subi bien des opérations avant de pouvoir être livrés au commerce ; et l'acier fondu, qu'on doit regarder comme une matière première, puisque dans cet état il forme l'aliment d'une nouvelle industrie, en a reçu bien davantage. Ainsi, depuis la laine et les cuirs qui ont reçu une main d'œuvre, jusqu'au fil de dentelles et à l'acier fondu, tout doit être compris dans la classe des matières premières; la seule différence qu'on puisse établir entre ces substances est fondée sur le plus ou le moins de main d'œuvre qu'elles ont reçue.

Quelle que soit la main d'œuvre qu'ait reçue une matière, elle ne cesse pas d'être matière première, si elle ne peut servir au consommateur qu'après avoir passé par un nouveau genre d'industrie qui l'approprie à son dernier usage : en s'écartant de ce principe, on ne sait plus ni par où commencer, ni où s'arrêter. Je n'ignore pas que les divers degrés de main d'œuvre qu'on a donnés à une substance doivent être pris en considération, parce que la main d'œuvre est une richesse qu'il faut tâcher de s'approprier; mais, lorsque le nouveau travail qui s'applique à cette matière déjà préparée lui donne une valeur énorme en comparaison de ce qu'elle coûte, n'y a-t-il pas là des considérations suffisantes pour la faire entrer dans nos ateliers, de préférence à d'autres substances moins élaborées, et qui, cependant, ne peuvent presque plus recevoir aucune main d'œuvre? Les fils qui servent à former

la dentelle, l'acier fondu qui est converti
en bijoux, quoiqu'ils aient déjà reçu beaucoup de main d'œuvre, ne sont-ils pas d'un
autre intérêt, n'exigent - ils pas plus de
nouvelle main d'œuvre, que les laines de
Barbarie, qui n'en ont reçu presque aucune?

En s'écartant du principe, que la législation des douanes ne peut s'établir que sur
la connoissance parfaite de l'état comparé
de notre industrie avec celle des étrangers,
on ne peut que divaguer.

Supposons, pour un moment, que les
partisans de la libre entrée des matières premières la bornent à celles qui ont reçu le
moins de main d'œuvre, et faisons l'application de leurs principes pour en juger les
conséquences.

Le fil de coton forme la matière première
dans nos nombreuses fabriques de tissus et
d'impression sur toile ; ouvrez la porte à ce
produit d'une première opération, en voici
les résultats infaillibles : plus de cent millions
aujourd'hui productifs, vont etre anéantis
pour le fileur, le fabricant et la France, parce
qu'ils ne consistent qu'en bâtimens, usines
et machines appropriés à ce seul usage ; une
population de deux cent mille ouvriers va

être déshéritée de son travail ; environ quatre-
vingt millions de main d'œuvre vont être
perdus pour la France ; le commerce sera
privé d'une de ses principales ressources,
qui consistent dans le transport des cotons
de l'Asie et de l'Amérique en France. Et
qu'on ne croie pas que je me fasse illusion ;
je connois l'état comparé de nos filatures et
de celles de deux pays voisins : ici une main
d'œuvre plus économique ; là, des établissemens plus considérables alimentés par
de grands capitaux, forment des avantages
contre lesquels nous ne pouvons pas lutter
encore. Ajoutez à cela que les filatures
anglaises par mécanique existent depuis
soixante ans, que les frais de premier établissement sont rentrés, que les bénéfices
ont créé de nouveaux capitaux, tandis que
les filatures françoises ont été formées de
nos jours, et que les intérêts de la première
mise de fonds doivent être compris, pour
long-temps, dans les bénéfices de la fabrication. Le fabricant anglois, couvert de ses
avances, riche de ses capitaux, peut faire des
sacrifices pour étouffer une industrie rivale ;
le fabricant françois n'a rien à lui opposer,
si la législation ne le protége. Pour que l'in-

dustrie d'une nation puisse concourir avec celle d'une autre, il ne suffit pas que les produits soient de même qualité, il faut encore que les moyens d'exécution présentent, des deux côtés, les mêmes avantages.

Le charbon de terre est certainement une matière première; eh bien! qu'on en admette la libre importation sans payer aucun droit à l'entrée, nous verrons bientôt se fermer ces riches houillères du nord et du midi de la France, où l'on a dépensé des sommes immenses pour pénétrer jusqu'aux filons, pour extraire l'eau et le charbon par des pompes à feu. Le bas prix auquel les Anglois peuvent verser le charbon de terre dans nos ports, à cause de la facilité d'extraction, et de la proximité où sont leurs mines de la mer, leur donne un avantage que nous ne pouvons compenser d'aucune manière. On me dira que les fabriques qui sont situées sur les côtes de l'Océan en profiteroient, et qu'elles pourroient livrer leurs produits à meilleur marché, j'en conviens; mais n'est-ce pas une industrie que celle de l'exploitation des mines? Les entrepreneurs ne méritent-ils pas quelque considération? Doit-on annuller les

capitaux qu'ils ont placés dans leurs usines ?
Tout ce que doit faire le législateur, c'est
de calculer les frais du transport des char-
bons des deux pays jusqu'aux lieux de consommation, et percevoir des droits sur les
étrangers, de manière qu'il puisse s'établir
une utile concurrence; il doit supprimer,
pour les matières d'une aussi grande nécessité que le charbon, tous les droits de navigation, creuser des canaux pour en faciliter
la circulation, le dégrever de tout droit
d'octroi, et parvenir à en approvisionner
tous les ateliers à bas prix. Les mines de
charbon ne manquent point à la France,
elles sont mêmes réparties de manière à
pouvoir fournir aux besoins de chaque localité; mais les communications sont difficiles, les transports sont trop dispendieux;
ce qui fait que l'usage en est borné, et que
les prix de nos produits manufacturés sont
plus élevés qu'ils ne le seroient.

Nous étions naguère tributaires de l'étranger pour les soudes, les aluns, les cou-
peroses, qui forment la matière première
de nos arts les plus importans : la chimie
en a doté la France, et l'on a mis des droits
à l'importation pour propager et encourager

cette fabrication ; on a fait plus, on a dé-
grevé de l'impôt le sel qui est employé
dans les ateliers de soude. Si, aujourd'hui,
on supprimoit ou diminuoit les droits qu'on
a mis sur les produits étrangers de même
nature, et qu'on retirât, en tout ou en partie, la franchise du sel, non-seulement on
violeroit le pacte solennel en vertu duquel
le fabricant s'est déterminé à se livrer à ces
entreprises, mais, en trompant la confiance
qu'il a mise dans les actes du gouvernement,
on perdroit, en un instant, les plus belles
conquêtes qu'ait faites l'industrie françoise.

Nous avons déjà parlé du fer, qui est, sans
contredit, une matière première dans le sens
le plus rigoureux, puisqu'on ne peut l'employer à nos usages dans l'état où il est importé : nous avons fait connoître les résultats qu'entraîneroit la libre introduction de
ce métal, et nous ne reviendrons pas sur cet
objet. Nous nous bornerons à observer que,
tant que le combustible sera beaucoup plus
cher en France qu'il ne l'est dans le nord
et en Angleterre, la concurrence entre nos
fers et les fers étrangers est impossible, et
qu'il faut recourir aux droits pour balancer
les prix.

On voit clairement, d'après les exemples que je viens de citer, que, sans compromettre gravement l'industrie et la richesse nationale, on ne peut admettre indistinctement toutes les matières premières sans payer des droits.

3°. Un principe qui n'est pas plus fondé que le précédent, a pris quelque consistance par le caractère de ceux qui le proclament : on dit qu'un produit fabriqué (1), qui ne peut pas concourir, moyennant un droit de quinze pour cent établi sur celui qu'on importe, ne mérite pas la protection du gouvernement.

On pourroit d'abord faire observer qu'une fabrication quelconque rend des capitaux productifs, et enrichit la nation d'une main d'œuvre plus ou moins considérable ; et que, sous ce double rapport, elle peut être plus utile que la perception de 15 à 20 pour cent qu'on fera aux frontières sur les produits de même nature : mais examinons la question sous un autre point de vue.

---

(1) On entend par produit fabriqué celui qui a reçu toute sa main d'œuvre, et qui passe immédiatement dans la consommation.

Tous les arts ont leur enfance, et ils ne sont parvenus que par degrés à l'état de perfection où ils sont aujourd'hui. Les perfectionnemens ont été le résultat des lumières, et des besoins qui n'ont jamais été les mêmes chez les divers peuples; d'où il s'ensuit que les progrès des arts ont dû varier comme les causes qui influoient sur leurs développemens, et que leur prospérité n'a pu ni dû être égale partout.

En ne parlant que des temps modernes, nous avons vu plusieurs genres d'industrie s'établir, prospérer en Angleterre, et rendre, pendant longues années, toutes les autres nations tributaires de leurs produits : nous avons fait tous nos efforts pour nous en approprier la fabrication; la filature par mécanique, la quincaillerie, les cotonnades, la draperie légère, tout est devenu à la fois l'objet de notre ambition : mais en important les machines, en s'appuyant sur quelques procédés transmis, a-t-on pu croire avoir naturalisé ces arts difficiles dans toutes les parties? a-t-on cru posséder ces détails immenses, ces *tours de main*, ces habitudes qui sont l'âme de l'industrie? Il n'appartient qu'au temps et à une pratique éclairée de faire acquérir toutes ces perfections ; nos casimirs coûtoient 25 fr. l'aune au fabricant, dans le principe, et les Anglois offroient les leurs au consommateur, à moitié prix ; les percalles, les calicots, mal fabriqués, nous revenoient à 7 à 8 fr. l'aune, les Anglois les livroient à 3 fr.

Falloit-il renoncer à ce projet de conquête manufacturière ? Non, il falloit persister et se perfectionner. C'est aussi la marche qu'on a suivie, et nous sommes arrivés à un tel degré de perfection, que notre industrie excite aujourd'hui la jalousie de la nation qui nous l'a transmise.

On n'improvise point en fait d'industrie ; ses progrès, naturellement lents, peuvent être hâtés par les lumières ; mais il est des difficultés qui ne peuvent être vaincues que par une longue expérience.

Si, pendant douze à quinze ans qu'ont duré nos essais, nos recherches, nos tâtonnemens, on n'avoit pas écarté du concours, par la prohibition, les produits étrangers, je demande aux partisans des 15 pour cent, ce que seroit devenue cette belle industrie qui fait l'ornement, la gloire et la richesse de la France ?

Je dirai plus : aujourd'hui que ces genres d'industrie sont florissans, aujourd'hui que nous n'avons plus rien à désirer sous le rapport du prix et de la qualité des produits, un droit de 15 pour cent, qui ouvriroit la concurrence aux fabriques étrangères, ébranleroit jusque dans leurs fondemens tous les établissemens qui existent en France. Nos magasins seroient remplis, en quelques jours, de marchandises importées ; on les donneroit à tout prix pour étouffer notre industrie ; nos manufactures seroient vouées à l'inaction par l'impossibilité où sont les propriétaires de faire les mêmes sacrifices que les étrangers, et nous verrions se reproduire ce qui est arrivé après le traité de commerce de 1786, quoiqu'il eût été conclu sur la base des 15 pour cent. On ne manquera pas d'observer que ce mal ne seroit que momentané, parce que le fabricant étranger se lasseroit de supporter des pertes ; mais n'est-ce donc rien que de s'emparer de la consommation pendant un ou deux ans ? de faire tomber les prix marchands du commerce au - dessous des prix de fabrique ? de rendre nos ateliers déserts ? de compromettre l'honneur et la fortune d'honnêtes fabricans? d'inspirer pour l'avenir la crainte et la méfiance?

Le gouvernement qui impose un droit à l'entrée des produits étrangers ne peut avoir que deux objets en vue : le premier, de mettre l'industrie nationale en état de concourir, pour les prix, avec l'industrie étrangère ; le second, de ne pas livrer à quelques fabricans, au détriment du consommateur, le monopole de l'industrie : ce dernier but est atteint du moment qu'on apportera dans l'exécution de la première mesure toutes les connoissances convenables : mais d'ailleurs c'est à tort qu'on croiroit aujourd'hui que, depuis la suppression des corporations, il soit possible d'établir un monopole sur un objet de fabrication : la carrière est ouverte à tout le monde ; et lorsqu'une branche d'industrie prospère, les concurrens deviennent si nombreux, en peu de temps, que le prix des produits est bientôt ramené à ce qu'il doit être : malgré la prohibition des cotonnades étrangères, on voit celles qui sortent de nos fabriques livrées à si bas prix, que le propriétaire ne peut maintenir sa fabrication que par les petits bénéfices accumulés d'un immense débit. Les premières soudes, qui ont été fabriquées en décomposant le sel marin, se vendoient 100 fr. le quintal ; la concurrence qui s'est établie en a fait tomber le prix à 9 fr., quoiqu'il y ait un droit de 5 fr. sur les soudes étrangères : les prix se fixent naturellement par la concurrence, et la fabrication se conforme toujours aux besoins ; le gouvernement peut s'en reposer sur ces deux régulateurs.

La législation des douanes ne doit donc se proposer qu'un seul but, celui d'établir des droits qui soient tels que l'industrie françoise puisse concourir avantageusement avec l'industrie étrangère. Elle doit opérer, d'après les mêmes principes, quelle que soit la nature de la matière qu'elle a à imposer. En se réglant sur la futile division des produits en matières premières et matières fabriquées, elle compromettroit chaque jour le sort de l'agriculture et de l'industrie manufacturière.

Pour établir les droits de manière à ne léser aucun intérêt, le législateur doit connoître l'état de l'industrie agricole et manufacturière, et le comparer à celui de l'industrie étrangère dans les produits analogues. Il doit savoir quelle est la différence dans

les prix comparés de fabrication chez les
diverses nations qui peuvent être appelées
à concourir ; il doit peser dans sa sagesse les
avantages que donnent à une industrie
l'ancienneté des établissemens , la disposition de grands capitaux , la facilité de se
procurer du numéraire à bas prix , les sacrifices que peuvent faire les gouvernemens ou
les particuliers pour ouvrir des débouchés
à leurs marchandises , l'esprit national qui
repousse ou admet de préférence les produits
étrangers, etc. Toutes ces considérations
doivent entrer dans ses calculs pour ne
pas faire un tort irréparable à l'industrie.

Mais ce n'est pas tout que d'avoir établi
les principes d'une bonne législation sur les
douanes, il faut encore en assurer l'exécution
aux frontières , et rendre la perception des
droits imposés facile et invariable : ici se présentent des difficultés d'un nouveau genre.

Les droits ne peuvent être établis que
sur le poids, l'aunage ou la valeur des objets importés ou exportés (1). Quel que soit

---

(1) Je ne parle pas de quelques objets qui font
exception à ces principes , tels que les bestiaux , les
voitures , les machines plus ou moins compliquées , etc.

le mode qu'on adopte, il est impossible
d'appliquer la loi de manière à ne pas com-
mettre des erreurs, et ces erreurs sont toujours au détriment de l'industrie intérieure
et du trésor. Les tissus varient tellement
en qualités, que leur valeur s'élève graduellement depuis un ou deux jusqu'à 100 fr.
l'aune ; comment les préposés des douanes
pourront-ils atteindre toutes les nuances qui
sont réparties sur cette longue échelle, soit
qu'ils perçoivent à la mesure ou à la valeur ?

Dans l'impossibilité d'appliquer à chaque
objet le droit proportionné à sa valeur, on
a été contraint de les diviser par classes,
et d'établir un tarif particulier pour chaque
classe ; mais ces classes ont-elles des caractères qu'on ne puisse pas confondre ? sont-
elles séparées par des limites assez marquées
pour que le propriétaire adroit ne fasse pas
comprendre dans une classe inférieure les
marchandises qu'il soumet au tarif ? D'ailleurs chaque classe embrasse plusieurs qualités qui diffèrent en valeur, et, en les frap-
pant du même droit, on produit deux résultats fâcheux : le premier, d'imposer le
produit inférieur à l'égal du supérieur, ce
qui est au préjudice du consommateur peu

aisé ; le second, de favoriser plus spécialement l'introduction des tissus fins que celle
des tissus plus grossiers. En outre, lorsqu'un propriétaire fait la déclaration de
la valeur de sa marchandise, quel moyen
reste-t-il au préposé pour le convaincre
de faux ? Sera-ce en la confisquant à ses
risques et périls, moyennant qu'il donne
le tiers du prix en sus de celui de la déclaration ? Mais ce moyen est inique, et
il prouve d'ailleurs qu'on peut errer impunément au moins de 15 à 20 pour cent, dans
l'application de la loi.

La perception établie sur l'aunage ou la
valeur ne forme donc point une garantie
suffisante pour l'industrie, et il nous reste
à examiner si, en la fondant sur le poids
des marchandises, nous trouverons les
mêmes inconvéniens.

En établissant le droit sur le poids des
marchandises, les tissus très-fins qui n'intéressent que le luxe payeroient nécessairement peu en comparaison des plus grossiers qui sont destinés aux besoins de la
classe la plus nombreuse de la société ; cependant la main d'œuvre est presque nulle
dans ces derniers, et elle fait à peu de chose

près la totalité de la valeur des premiers ; ainsi cette législation blesseroit les intérêts du plus grand nombre, et seroit contraire à tous les principes.

Il faut néanmoins prendre un parti au milieu de toutes ces difficultés, et je pense qu'en combinant tous les moyens que présentent la valeur, le poids et l'aunage, on peut évaluer le droit qui est dû de la manière la moins erronnée.

Déjà la perception au poids a été établie sur le plus grand nombre des objets qu'on importe, tels que les denrées coloniales, les fers, les préparations métalliques, les sels chimiques, etc., et il ne s'agit plus que d'appliquer aux tissus le mode combiné que je propose.

Je suppose qu'il s'agit de déterminer un droit de douane sur les tissus ; on prend un mètre de chacune des deux étoffes qui forment les deux extrèmes dans les produits de l'industrie qui s'exerce sur la même matière, et on détermine rigoureusement le poids sur une largeur et longueur égales ; on prend ensuite le poids moyen pour y fixer le droit : cela fait, on établit une échelle qui embrasse toutes les qualités, et on a soin d'élever les droits pour les étoffes fines, de manière à atteindre la main d'œuvre ; ainsi, en supposant que la même nature d'étoffe présente dix qualités différentes, et que la moyenne soit taxée à 1 fr., la plus fine pourra payer 20 et 25 fr., tandis que la plus grossière n'en payera que 5.

On peut encore établir les droits d'après les mêmes bases, et se borner à déterminer la moyenne du poids de toutes les qualités que présentent les tissus de même nature, en les comparant sous la même largeur et longueur ; on asseoit le tarif sur cette moyenne, et on l'élève ou on l'abaisse, pour le proportionner aux qualités supérieures ou inférieures. D'après cette méthode, si un genre de cotonnade ou de draperie présente cinq qualités différentes par le poids et la valeur, et qu'on établisse un droit moyen de 5 francs, on baissera le droit pour les tissus grossiers et on l'augmentera pour les tissus fins, en observant d'atteindre la main d'œuvre en raison de la valeur et de la finesse de l'étoffe.

Il faut bien peu d'habitude pour distinguer les diverses espèces de tissus de même nature ; et le préposé, après avoir constaté l'espèce, n'auroit plus qu'à déterminer le poids d'un mètre de l'étoffe pour y appliquer le droit.

Je crois devoir faire observer encore qu'en divisant par classes les différens produits qu'on obtient par le travail de la laine, du lin, du coton, etc., et en établissant les droits pour chaque classe, le tarif est imparfait, puisqu'il ne peut pas s'appliquer et varier selon les qualités que présente la même nature de tissu, et que dès lors il protége inégalement l'industrie : cette méthode est encore vicieuse, en ce qu'elle comprend, dans le même droit, des étoffes du même genre qui varient beaucoup en valeur et en frais de main d'œuvre. Il suffit, pour le prouver, de l'appliquer à la draperie : en partant de ces principes on formeroit trois classes de draperies : 1°. la draperie fine, 2°. la draperie fine et légère, 3°. les étoffes grossières. On feroit entrer dans la première les draps larges, les étoffes fines à long poil, les ratines façon de Hollande, etc. La seconde contiendroit les casimirs, les draps à la royale, les silésies, les espagnolettes fines, les camelots, les flanelles croisées, les serges de satin, les prunelles et turquoises, les burats imitant les voiles, etc. La troisième comprendroit les molletons, les sagatis, les tricots, les serges pour doublure, les kalmouks, les draps grossiers, etc. Mais comment distinguer et faire entrer dans chaque division les qualités de drap qui y appartiennent, lorsque ces qualités sont si nombreuses qu'elles remontent insensiblement, par la valeur, depuis 3 fr. jusqu'à 100 fr.? En admettant même que cela fût possible, les qualités comprises dans la même classe ne varient-elles pas à l'infini? Tous les draps dont la valeur n'excède pas 3o fr. par aune, seroient portés comme draperie grossière; ceux qui excèdent ce prix seroient reçus comme draperie fine; ainsi le kalmouk seroit taxé au même droit que la première qualité de drap d'Elbeuf, et tous les draps au-dessus de 3o fr. payeroient comme l'étoffe de vigogne ou de pinne-marine : ce mode a en outre le très-grave inconvénient de compromettre les intérêts du peuple, parce que les produits grossiers dont il a besoin sont taxés à l'égal de ceux qui ont, dans le commerce, une valeur triple ou quadruple.

Ce que nous venons de dire de la draperie peut s'appliquer aux divers tissus de coton, de chanvre, de lin et de soie ; et je ne

vois pas d'autre moyen d'établir un bon
tarif des douanes, qu'en partant des principes que nous venons de poser.

Lorsque le gouvernement, pressé par le
besoin, se croit forcé d'imposer des droits
sur l'importation d'une matière qui alimente
un genre quelconque d'industrie, il doit
rendre le droit à l'exportation du produit
fabriqué ; sans cela, tout concours sur les
marchés étrangers deviendroit impossible.
Cette remise doit être faite sans d'autres
formalités que de déterminer la quantité
de matière entrée dans la fabrication de
l'objet qu'on exporte lorsque cette matière
n'est pas une production de notre sol ;
dans le cas contraire, il doit suffire de justifier qu'on l'a importée. Le gouvernement
doit faire plus encore, il doit augmenter le
tarif sur les produits fabriqués à l'étranger,
du montant du droit qu'il a établi sur la
matière première, afin de rendre la concurrence possible dans l'intérieur.

La législation des douanes, établie sur
de bons principes, doit être stable, et pour
ainsi dire immuable. Rien ne dérange plus
les fortunes, rien n'altère plus la confiance
que les changemens qu'on peut se permettre

a cet égard : une diminution de droits sur un article ruine celui qui est approvisionné, et enrichit celui qui ne l'est pas ; une augmentation produit un effet inverse sur les mêmes individus. Une législation versatile déconcerte les entreprises les mieux combinées, et déjoue toutes les spéculations ; un impôt, léger en apparence, mis sur l'importation d'une matière, peut éteindre une fabrication des plus importantes, et le gouvernement court le risque de sacrifier un bénéfice national de plusieurs millions pour effectuer une recette de quelques mille francs.

Lorsqu'un genre d'industrie s'est établi d'après une législation connue, l'entrepreneur a engagé sa fortune et son travail sur la garantie qu'elle lui donnoit. On ne peut changer cette législation, au préjudice du fabricant, qu'en violant la foi des traités, et en abusant du droit de la force.

Lorsqu'un gouvernement accorde quelques faveurs pour créer ou importer un nouveau genre d'industrie, il ne peut les retirer qu'autant que les besoins de cette industrie n'en réclament pas la continuation. Il s'est lié avec le fabricant par un pacte solennel ; il a déterminé lui-même, pour ainsi dire, l'emploi de ses capitaux, de son temps, de son travail, et il ne peut en consommer la ruine sans manquer à toutes les lois de la justice et de l'humanité.

Quelle que soit l'industrie manufacturière, établie dans l'intérieur, le gouvernement lui doit protection : du moment qu'elle existe, il ne s'agit plus d'examiner s'il a été avantageux de l'introduire, si d'autres genres de fabrication n'y ont pas perdu, s'il ne vaudroit pas mieux travailler, par exemple, la laine que le coton ; il suffit qu'elle existe. Le gouvernement doit considérer les capitaux qu'on a mis dans ces établissemens, les habitudes de travail qu'a prises une partie de la population ; et il ne lui est pas plus permis de sacrifier la fortune du fabricant, que de faire perdre à l'ouvrier ses moyens d'existence.

CHAPITRE XVI.

Des Prohibitions.

Je ne me dissimule point que la doctrine que je professe dans ce Chapitre, trouvera des contradicteurs parmi les partisans de la libre circulation de tous les objets de commerce, moyennant des droits modérés de douanes : cependant, comme il me paroît prouvé que les belles conquêtes qu'a faites notre industrie depuis trente ans, n'auroient pas pu se consolider sans les prohibitions, et que les Anglois, nos rivaux en industrie, repoussent de leur consommation, par des prohibitions ou par des droits qui y équivalent, tous les objets fabriqués au dehors, j'ai cru que cette question méritoit au moins d'être examinée.

Les ennemis de toute prohibition établissent leur opinion sur quelques raisons fondamentales que nous allons discuter séparément :

1°. *La prohibition*, disent-ils, *ouvre la porte à la contrebande.*

Je conviens que lorsque la valeur commerciale d'une marchandise fabriquée à l'intérieur, excède de beaucoup celle des marchandises étrangères réunie à la prime de contrebande, il y a du bénéfice à faire entrer cette dernière en fraude, et qu'on peut le tenter : mais, en admettant qu'on parvienne à tromper la vigilance des préposés aux frontières, le délit n'est pas encore consommé au préjudice de l'industrie, lorsque la matière est prohibée ; car il ne suffit pas de l'introduire, il faut encore la débiter, et ici se présentent de nouvelles difficultés, de nouvelles craintes de saisie, de confiscation, qui peuvent compromettre le crédit, l'honneur et la fortune du consignataire, du marchand, du débitant. A la prime de contrebande payée pour l'introduction, il faudroit donc encore ajouter une prime d'assurance pour le débit et la circulation dans l'intérieur. Ces craintes, ces dangers, ces difficultés, ces dépenses qu'entraîne la contrebande d'un article prohibé, la rendent bien moins considérable qu'on ne le croit.

On pense que, par des droits équivalens à la prime de contrebande, on peut également protéger l'industrie et tarir la source de ce commerce démoralisateur ; je ne partage pas cette opinion. Un droit de 20 à 30 pour cent, qu'on peut parvenir à frustrer, offre déjà un des commerces d'assurance les plus avantageux qu'on puisse entreprendre ; et on s'y livrera avec d'autant plus d'ardeur, que, du moment que la marchandise a passé la frontière, il n'y a plus de crainte à avoir pour la circulation dans l'intérieur. D'ailleurs, comme la prime de la contrebande varie chaque jour, en raison de la garde plus ou moins sévère, ou de la probité des préposés, il s'ensuit qu'il faudroit aussi élever ou abaisser les droits à tout moment, pour les proportionner à la prime ; ce qui n'est ni exécutable, ni conforme aux intérêts de ceux qui font un commerce légal.

En adoptant même un tarif de droits équivalens à la prime de contrebande, peut-on espérer que ces droits fussent perçus à la rigueur ? n'a-t'on pas vu, après le traité de 1786, les droits de 15 pour cent reduits à 5 dans la perception ? Peut-on, de bonne foi, exiger qu'un préposé se connoisse assez en tissus ou étoffes, pour appliquer invariablement le droit juste à chaque nuance, à chaque qualité ?

Les riches conquêtes qu'a faites notre industrie n'auroient jamais eu lieu, si l'on s'étoit borné à établir des droits sur l'importation des produits analogues : la prohibition seule les a garanties et consolidées, en inspirant au fabricant de la confiance pour ses entreprises et l'assurance d'une vente avantageuse de ses produits ; elle l'a déterminé à employer son crédit, ses lumières et ses capitaux pour former ses établissemens ; elle lui a donné le temps de perfectionner, de former des ouvriers, d'acquérir de l'expérience, d'accréditer ses produits dans la consommation, et de se préparer à lutter un jour contre l'industrie étrangère.

Dailleurs, que feroient des droits, quels qu'ils soient, contre les sacrifices que peuvent consommer des gouvernemens étrangers, jaloux de conserver ou d'ouvrir des débouchés aux produits de leurs manufactures, intéressés à étouffer, partout ailleurs, l'industrie dans son berceau ?

2°. *La prohibition isole les nations et rompt les relations commerciales.*

Cette raison est sans contredit la plus solide de toutes celles qu'on oppose au régime prohibitif : il est très-vrai que le commerce ne se faisant que par échanges, il cesse d'exister entre deux nations, du moment que l'une d'elles repousse les seuls produits que l'autre peut lui fournir ; mais nous observerons d'abord que les droits peuvent produire le même effet que la prohibition : la Suède a exclu nos vins dès qu'elle a connu l'impôt que nous avons établi sur ses fers.

Dans l'état actuel des sociétés européennes, on ne peut pas toujours se conformer aux principes rigoureux de la saine économie politique : l'industrie a pénétré partout en Europe ; toutes les nations ont des manufactures du même genre, la plus grande partie de leurs capitaux a été versée dans les établissemens de fabriques : cependant les avantages ne sont pas les mêmes partout ; les lumières, le climat, la main d'œuvre, le goût, le combustible, les approvisionnemens influent sur la qualité ou le prix des produits, et établissent entre eux une grande différence ; les soieries qu'on fabrique à Moscou ne peuvent pas naturellement concourir avec celles d'Italie et de Lyon. Dans cet état des choses l'embarras est extrême ; et quel que soit le parti que prenne un gouvernement, il ne peut obvier à tous les inconvéniens : laissera-t-il entrer les produits étrangers, moyennant des droits? Mais ces droits pourront-ils mettre une industrie naissante, imparfaite, mal établie, contrariée par mille obstacles dans sa fabrication, en état de concourir avec l'industrie étrangère? Le gouvernement pourroit encore se décider à abandonner un genre d'industrie que repoussent peut-être son intérêt et une position défavorable : mais alors, il sacrifieroit les capitaux et la main d'œuvre qui sont employés dans les établissemens ; et ceci mérite quelques considérations de sa part. Sans doute toutes ces raisons ont été sagement pesées, et néanmoins presque tous les gouvernemens se sont prononcés pour la prohibition, comme étant le seul moyen d'atteindre les marchandises étrangères, non-seulement aux frontières, comme font les droits, mais dans la circulation à l'intérieur.

Nous conviendrons qu'il eût été bien plus sage de borner son ambition à cultiver et à perfectionner le genre d'industrie que la nature avoit départi à chaque nation; mais toutes ont voulu s'approprier tous les genres ; et de là sont sortis ces principes d'un intérêt mal entendu qui les isolent et réduisent chacune d'elles à ses propres ressources.

Je sais bien que les droits de la nature sont imprescriptibles, et que tôt ou tard on reviendra au genre de prospérité qu'elle a marqué à chaque nation : mais le mal est fait ; et cette déviation des vrais principes aura des suites et une durée plus considérables qu'on ne le pense : une nation qui tiroit de l'étranger des produits fabriqués, cultivoit avec soin ceux de son sol qu'elle pouvoit donner en retour ; cette culture doit être nécessairement négligée, parce que l'exportation diminue en raison du refus qu'elle fait d'admettre en échange les produits fabriqués au dehors. On n'ignore pas, d'ailleurs, combien il est difficile de contracter de nouvelles habitudes, et de se résoudre à anéantir des fabriques, à sacrifier des capitaux, etc. ; une fois qu'une nation s'est engagée dans une fausse route, on ne peut pas espérer qu'elle puisse en sortir brusquement, soit par la seule volonté de son gouvernement, soit même par le sentiment de ses intérêts.

La longue guerre qui a ébranlé l'Europe jusque dans ses fondemens, n'a pas peu contribué à établir le système actuel : l'interruption des communications a fait éprouver aux peuples des privations qu'ils n'avoient pas senties auparavant ; ils ont cherché les moyens de remplacer, par leur industrie, tous les objets pour lesquels ils avoient été jusque-là tributaires de l'étranger; et dès ce moment, l'équilibre commercial a été rompu. On auroit pu croire qu'à la paix tout se rétabliroit dans l'état et dans l'ordre primitifs. Vaine espérance ! les peuples se sont bientôt convaincus, à la vérité, que leur industrie naissante ne pouvoit pas lutter contre l'industrie plus ancienne et plus parfaite de quelques pays étrangers ; mais ils se sont bornés à demander la prohibition des produits du dehors, et les gouvernemens l'ont prononcée.

La législation des douanes en Angleterre, a accrédité le régime de la prohibition qui en fait la base ; et la prospérité de tous les genres d'industrie qui y sont établis, a paru justifier son adoption aux yeux des gouvernemens.

Le principe constamment suivi par les Anglois, depuis un siècle, consiste à prohiber tout ce qu'ils peuvent fabriquer, ou

à mettre, à l'importation des produits manu
facturés, des droits qui équivalent à la prohibition : ils appliquent ce principe avec une
telle rigueur, que des objets, tels que les
soieries, dont la matière première n'est point
une production de leur sol, n'en sont pas
moins frappés de prohibition sous les peines
les plus sévères. Le tarif des douanes qui
a été publié en 1809, impose les bonnets de
coton et les fils, à 54 pour cent de la valeur;
les toiles de lin, teintes ou imprimées, à 90
pour cent ; la soie teinte, à 34 fr. la livre ;
les savons en pain, à 64 fr. les cent livres ;
le savon mou, à 54 fr. ; il est bien évident
que des droits de cette nature équivalent à
une prohibition.

L'Angleterre ne s'est pas bornée à prohiber, par le fait, tous les produits fabriqués
à l'étranger; elle a mis des droits si considérables sur des productions que son sol
ne peut pas lui fournir, telles que les vins
de France, que cette boisson n'est plus chez
elle qu'un article de luxe, tandis que les
vins de Portugal ne sont assujettis qu'à payer
à peu près le tiers de ces mêmes droits.

Les avantages que présente pour l'Angleterre une législation qui exclut toute con-

currence dans les marchés, sont de conserver la main d'œuvre qui nourrit la population, et de pouvoir imposer tout ce qui sort
de ses ateliers pour passer à la consommation intérieure.

L'exemple qu'a donné l'Angleterre a été
suivi dans presque toute l'Europe ; et il faut
convenir, qu'en usant d'un juste droit de
représailles, on a pris le seul moyen qui
reste aux nations pour la ramener à des
principes moins exclusifs.

Sans doute l'Angleterre a le droit incontestable de former son tarif de douanes comme
elle veut ; mais les autres nations peuvent
à leur tour exclure ses produits de leur consommation ; et cette mesure est la seule
qu'elles doivent adopter tant qu'elle ne chan-
gera pas de système.

L'Angleterre peut encore traiter une nation plus favorablement qu'une autre ; elle
a le droit d'admettre les vins du Portugal à
deux tiers au-dessous de ce que payent les
vins de France ; mais la France peut aussi,
d'après les mêmes principes, imposer les produits des colonies anglaises dans les mêmes
proportions.

L'Angleterre a adopté le système des prohibitions : et, en le maintenant, quoique la prospérité de ses fabriques ne doive pas lui faire craindre la concurrence, elle a forcé les autres nations à l'imiter. Cette conséquence étoit si naturelle, qu'elle auroit pu être prévue.

Si l'Angleterre changeoit de système, et qu'elle admît, moyennant des droits modérés, les produits fabriqués et les productions territoriales du reste de l'Europe ; si elle traitoit toutes les nations à l'égal l'une de l'autre, les relations commerciales ne tarderoient pas à se rétablir, les murs de séparation qui isolent les peuples tomberoient, et le commerce redeviendroit ce qu'il doit être, un échange libre de produits entre les nations.

Lorsque l'Angleterre suivra ces principes, et qu'elle cessera de prohiber nos dentelles, nos soieries, etc., et d'imposer nos autres produits fabriqués à des droits énormes ; lorsqu'elle admettra nos vins aux mêmes conditions que ceux du Portugal, la France pourra de son côté abandonner le système de prohibition, et l'on ne sentira le besoin de recourir à ce régime, que dans les seuls cas, désormais assez rares, où il s'agit d'établir, de consolider un genre d'industrie qui, dans son enfance, ne peut pas encore lutter contre une industrie étrangère qu'elle cherche à imiter.

3°. *La prohibition établit le monopole de l'industrie au préjudice du consommateur.*

Il faut distinguer deux époques dans chaque genre d'industrie, celle de l'enfance de l'art et celle de sa maturité: dans la première, l'industrie a besoin d'être encouragée et protégée pour n'être pas étouffée au berceau, par la concurrence de celle qui a l'avantage de l'expérience, de l'ancienneté et des capitaux. Ne pas vouloir lui accorder dans cet état les encouragemens et les garanties qu'elle réclame, c'est consentir à rester éternellement tributaire de l'étranger.

Si le gouvernement n'accordoit pas à une branche importante d'industrie qu'on a le projet d'établir, les avantages nécessaires pour dédommager l'entrepreneur des sacrifices et des pertes qui sont inévitables dans un premier établissement, quel est l'homme prudent qui voudroit engager sa fortune pour des entreprises aussi hasardeuses?

Dans cette position le gouvernement doit chercher à concilier deux sortes d'intérêts: celui du fabricant, qui ne peut pas risquer ses capitaux sans avoir la garantie que l'industrie dont il veut enrichir son pays ne sera pas sacrifiée à celle de l'étranger; et celui du consommateur, qu'on ne doit pas mettre à la merci du fabricant, pour le prix d'un objet consacré à ses usages.

Ainsi le gouvernement, qui doit veiller sur tous les intérêts, ne peut pas prohiber un article déjà accrédité dans la consommation pour favoriser de simples projets d'importation; mais, du moment qu'il est assuré, par la comparaison des produits, que ce nouveau genre d'industrie peut prospérer, il doit élever graduellement le droit à l'importation des produits analogues, afin d'encourager et d'étendre la fabrication, jusqu'à ce qu'elle soit devenue assez importante pour fournir à la consommation; dans cet état, si les droits ne suffisent pas encore pour établir la concurrence, il doit prohiber l'entrée des produits étrangers.

Cette législation, applicable à tous les genres d'industrie, forme une garantie pour le fabricant qui engage sa fortune dans une entreprise; elle excite l'émulation, multiplie les établissemens de même nature, et établit bientôt une concurrence qui est toute à l'avantage du consommateur.

Sans doute, dans les premiers momens, le consommateur pourra être lésé ; mais c'est un sacrifice passager qu'il fait à sa patrie, qui s'ouvre une nouvelle source de richesses : la concurrence qui s'établit dans la fabrication , fait bientôt tomber les prix à ce qu'ils doivent être ; nous en avons une preuve toute récente dans les cotonnades, les soudes, les aluns, la draperie légère, et la plupart des objets de quincaillerie.

4°. *La prohibition éteint la concurrence et arrête les progrès de l'industrie.*

Cela peut être vrai pour quelques établissemens dont les opérations exigent de très-grands capitaux , et où, par conséquent, les changemens et les améliorations donnent lieu à des dépenses énormes ; mais dans les fabriques de coton , d'étoffes , de quincaillerie, de produits chimiques, etc. , où la concurrence peut s'établir si aisément, le seul intérêt du manufacturier est de faire mieux que son voisin ; il ne peut même conserver un état prospère qu'en ajoutant chaque jour quelque degré de perfectionnement, soit pour dimi-

nuer ses frais de main d'œuvre, soit pour
améliorer la qualité de ses produits. Il arrive
même qu'en peu de temps la concurrence
devient si considérable, que la fabrication
surpasse les besoins et qu'on est forcé de la
ralentir ou de fermer quelques ateliers ;
c'est ce que nous avons vu déjà pour la filature du coton, les cotonnades, les soudes, les
aluns, le sel ammoniac, etc.

Outre ce puissant aiguillon de l'intérêt
privé que la concurrence rend encore plus
actif, les lumières de la chimie et de la physique, qui éclairent toutes les opérations
des arts, présentent chaque jour de nouvelles améliorations, qu'on est forcé d'adopter, pour ne pas rester en arrière, et ne pas
compromettre sa fortune et le sort de son
industrie.

Il ne faut donc craindre aujourd'hui, ni
un manque de concurrence, ni une suspension des progrès de l'industrie : la concurrence est l'effet inévitable de la liberté des
professions; les progrès dérivent naturellement de l'intérêt privé et de l'application
des lumières aux arts.

Conclusion.

Admettre le principe de la prohibition des produits fabriqués, comme base de la législation des douanes, seroit un acte d'hostilité envers des nations qui ne prohibent point.

Adopter ce principe contre les nations qui prohibent, c'est user d'un simple droit de représailles.

Prononcer la prohibition dans les cas très-rares où un objet très-important d'industrie ne peut pas encore soutenir la concurrence par le seul secours des droits, est un devoir du gouvernement, lorsque la nation a un grand intérêt à s'approprier et à consolider ce genre de fabrication.

Si les nations ne s'étoient pas écartées de leur véritable destination, si chacune d'elles s'étoit bornée à fonder sa prospérité sur la portion d'héritage dont la nature l'avoit dotée, le commerce des échanges seroit régulier, les diverses productions de l'industrie auroient une patrie comme celles du sol, et les produits de tous les pays seroient répartis naturellement, entre toutes les nations, en raison des besoins; mais on s'est jeté imprudemment hors de la ligne qu'avoit tracée, pour chaque peuple, le ré-gulateur suprême de nos destinées ; on n'a plus consulté la différence de position, la nature du sol, le caractère des habitans, la variété des climats, etc. ; on a voulu tout concentrer, tout fabriquer sur chaque point du globe.

Comme les principes immuables de la nature ne se plient point aux caprices des hommes, on n'a pas tardé à s'apercevoir qu'on s'étoit ouvert une fausse route ; on a eu à vaincre toutes les difficultés auxquelles on ne peut échapper en se plaçant dans une fausse position ; et pour conserver l'industrie qu'on venoit de créer, il a fallu recourir à des moyens extrêmes, et prononcer la prohibi-tion des produits étrangers.

Nous venons de parler de l'état forcé dans lequel s'est constituée l'Europe ; l'An-gleterre a donné l'exemple, et elle a entraîné presque toutes les nations : aujourd'hui nous sommes obligés d'imiter la conduite de nos voisins. C'est peut-être le seul moyen que puisse employer une grande nation, forte de son industrie et de son agriculture, et la plus indépendante par ses ressources, pour ramener les peuples aux vrais principes. Osons croire que ce retour si désirable n'est point éloigné, et, en attendant, ne prohibons les produits étrangers qu'autant qu'on repoussera ceux de notre sol et de notre industrie.

FIN DU SECOND ET DERNIER VOLUME.

ERRATA.

PREMIER VOLUME.

Page 12, *ligne* 2, exportions; *lisez* tirions.

24, *avant-dernière ligne de la note*, comprimés; *lisez* compromis.

5o, *ligne* 12, l'acier et le cuivre a; *lisez* ont.

63, 9, de n'y faire; *lisez* d'y faire.

89, 16, quantité; *lisez* qualité.

233, 17, consommation; *lisez* valeur.

SECOND VOLUME.

Page 95, *ligne* 23, faits; *lisez* formés.

343, 21, existant; *lisez* que nous trou-vons.

361, 2, bourres; *lisez* bours.

448, 17, qu'ils soient; *lisez* qu'ils fussent.